高职高专"十三五"规划教材

电子产品检测技术
（项目化教程）

郑晓虹　主编
曾自强　副主编

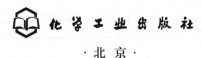
化学工业出版社
·北京·

本书是教育部首批现代学徒制试点项目建设成果教材，是职业院校一线教师根据电子产品检测课程标准，与电子产品生产企业校企合作共同编写的项目化教材。本书以培养学生掌握电子测量基本知识和工程应用能力为目标，以电子产品参数测量项目为主线，将电子产品检测涉及的基本参数测量方法、仪器仪表的选用、测量步骤和数据处理的理论与实践融合在一起，通过实际电子产品参数测量案例，引出测量对象，如电压、频率、时间、元件参数的测量方法、测量原理、常用仪器的使用等内容，最后以航天电子产品总装检测技术和无损检测技术为例，综合性地介绍了电子产品检测技术。本书深入浅出，通俗易懂，大部分章节都有实训内容和习题。

本书可以作为高职高专院校电类专业相关课程教材，也可供从事电子技术工作的工程技术人员参考。

图书在版编目（CIP）数据

电子产品检测技术：项目化教程/郑晓虹主编. —北京：化学工业出版社，2019.8（2025.3重印）

高职高专"十三五"规划教材

ISBN 978-7-122-34620-9

Ⅰ.①电…　Ⅱ.①郑…　Ⅲ.①电子产品-检测-高等职业教育-教材　Ⅳ.①TN06

中国版本图书馆 CIP 数据核字（2019）第 111287 号

责任编辑：王听讲　　　　　　　　　　装帧设计：韩　飞
责任校对：张雨彤

出版发行：化学工业出版社（北京市东城区青年湖南街 13 号　邮政编码 100011）
印　　装：北京天宇星印刷厂
787mm×1092mm　1/16　印张 11¼　字数 187 千字　2025 年 3 月北京第 1 版第 4 次印刷

购书咨询：010-64518888　　　　　　售后服务：010-64518899
网　　址：http://www.cip.com.cn

定　　价：35.00 元

前　言

近年来，微电子技术、大规模集成电路、信号处理芯片、新型显示器件和计算机技术的发展，促进了电子仪器及测量技术的飞速发展。随着电子产品检测仪器由功能单一的传统测量仪器，逐步向智能仪器和模块式自动测试系统发展，大型生产企业的生产线开始采用大量先进的智能仪器和自动测试系统，高等职业教育电子技术相关课程教学内容也必须随之更新。

电子产品检测技术是应用电子技术、通信技术、智能控制技术等专业必不可少的专业课。本书是教育部首批现代学徒制试点项目建设成果之一，是按照高职高专"电子产品检测"课程标准，以航天电子产品在生产和使用过程中实际进行检测为例，由重庆航天职业技术学院一线教师与电子产品生产企业工程师校企合作共同编写的项目化教材。

本书以培养应用型人才为目标，突出工程类高等职业教育的特点；紧密结合企业电子产品测量工程实践，突出电子测量基本原理和仪器的性能特点；从内容精选到编排形式都有新意、有特色，并且体现了电子测量领域的新知识、新设备。本书以常用电子测量仪器为主线，详细介绍了电子测量的基本原理和仪器的使用方法，主要内容包括：电子测量与仪器检测基础、测量用信号源及其应用、信号波形测量及其应用、电压测量及其应用、时间与频率的测量及其应用、电子元器件参数的测量及其应用、航天电子产品总装检测技术、电子产品无损检测技术等，大部分章节都有实训内容和习题。我们将为使用本书的教师免费提供相关仪器的使用说明书和电子教案等教学资源，需要者可以到化学工业出版社教学资源网站 http：∥www.cipedu.com.cn 免费下载使用。

本书深入浅出，通俗易懂，可以作为高职高专院校电类专业相关课程教材，也可供从事电子技术工作的工程技术人员参考。

本书分为 8 个项目，由郑晓虹担任主编，曾自强担任副主编，项目一、项目四由吉志敏编写，项目二、项目六~项目八由曾自强编写，项目三、项目五由孙强编写，郑晓虹负责全书策划及统稿工作。

由于编者学识、水平有限，书中可能有不妥之处，恳请读者批评指正。

编者

前　言

目　　录

项目一　电子测量与仪器检测基础 ··· 1

　【教学目标】 ·· 1

　【工作任务】 ·· 1

　【相关理论知识】 ·· 1

　　一、电子测量的定义 ·· 2

　　二、电子测量的特点 ·· 2

　　三、电子测量的内容 ·· 3

　　四、电子测量的方法 ·· 3

　【相关实践知识】 ·· 4

　　一、电子测量仪器的认识 ·· 4

　　二、电子测量误差的认识 ·· 5

　　三、测量数据的处理 ·· 11

　项目小结 ··· 13

　习题 ·· 13

项目二　测量用信号源及其应用 ··· 15

　【教学目标】 ·· 15

　【工作任务】 ·· 15

　【教学案例】 ·· 15

　【相关理论知识】 ·· 16

　　一、信号发生器的分类 ··· 16

　　二、信号发生器的一般组成 ·· 17

　　三、信号发生器的主要技术指标 ·· 18

　　四、低频信号发生器 ·· 19

　　五、高频信号发生器 ·· 22

　　六、函数信号发生器 ·· 24

　【相关实践知识】 ·· 25

一、认识安捷伦 E4438C ESG 型矢量信号发生器 ················· 25

二、认识安捷伦 33120A 型函数信号发生器 ····················· 29

【项目实训】 ·· 32

实训一　高频信号发生器的使用 ································· 32

实训二　函数信号发生器的使用 ································· 33

项目小结 ·· 35

习题 ··· 36

项目三　信号波形测量及其应用 ·································· 37

【教学目标】 ·· 37

【工作任务】 ·· 37

【教学案例】 ·· 38

【相关理论知识】 ·· 42

一、示波管显示原理 ·· 42

二、通用示波器 ··· 45

三、数字存储式示波器 ··· 56

四、示波器的基本测试技术 ······································ 58

【相关实践知识】 ·· 67

认识泰克 TDS3014C 型示波器 ·································· 67

【项目实训】 ·· 73

实训　数字存储式示波器的使用 ································· 73

项目小结 ·· 76

习题 ··· 77

项目四　电压测量及其应用 ·· 78

【教学目标】 ·· 78

【工作任务】 ·· 78

【教学案例】 ·· 78

【相关理论知识】 ·· 81

一、电压测量的特点 ·· 81

二、交流电压的基本参数 ··· 82

三、电子电压表的分类 ··· 84

四、模拟式电子电压表 ··· 84

五、数字式电子电压表 ··· 91

六、数字万用表 ··· 94

【相关实践知识】 ·· 95

认识安捷伦 34461A 型台式万用表 ······································· 95

【项目实训】 ··· 97

实训一 数字交流毫伏表的使用 ·· 97

实训二 数字万用表的使用 ·· 99

项目小结 ·· 101

习题 ·· 102

项目五 时间与频率的测量及其应用 ······················· **103**

【教学目标】 ··· 103

【工作任务】 ··· 103

【教学案例】 ··· 103

【相关理论知识】 ··· 104

一、常用测量频率的方法 ·· 104

二、电子计数器的功能 ··· 108

三、电子计数器的测量原理 ·· 114

四、通用电子计数器的基本组成 ·· 115

五、电子计数器的测量误差 ·· 119

【相关实践知识】 ··· 124

认识安捷伦 53131A 型计数器 ··· 124

【项目实训】 ··· 126

实训 电子计数器的使用 ·· 126

项目小结 ·· 127

习题 ·· 128

项目六 电子元器件参数的测量及其应用 ··················· **129**

【教学目标】 ··· 129

【工作任务】 ··· 129

【教学案例】 ··· 129

【相关理论知识】 ··· 130

一、电桥法测量 R、L、C ··· 130

二、谐振法测量元件参数 ·· 132

三、扫频仪 ··· 135

四、晶体管特性图示仪 ··· 139

【相关实践知识】 …………………………………………………… 141

一、认识 ZJ2811C LCR 数字电桥 …………………………………… 141

二、认识安捷伦 N9020A 型频谱仪 ………………………………… 143

【项目实训】 ………………………………………………………… 146

实训一 频率特性测试仪的使用 …………………………………… 146

实训二 数字电桥测试仪的使用 …………………………………… 150

项目小结 ……………………………………………………………… 151

习题 …………………………………………………………………… 151

项目七 航天电子产品总装检测技术 ……………………………… 152

【教学目标】 ………………………………………………………… 152

【工作任务】 ………………………………………………………… 152

【相关理论知识】 …………………………………………………… 152

一、系统特性检测 …………………………………………………… 152

二、密封性检测 ……………………………………………………… 153

三、几何特性检测 …………………………………………………… 154

四、质量特性检测 …………………………………………………… 155

项目小结 ……………………………………………………………… 156

项目八 电子产品无损检测技术 …………………………………… 157

【教学目标】 ………………………………………………………… 157

【工作任务】 ………………………………………………………… 157

【教学案例】 ………………………………………………………… 157

【相关理论知识】 …………………………………………………… 158

一、超声波检测技术 ………………………………………………… 158

二、射线检测技术 …………………………………………………… 160

三、磁粉检测技术 …………………………………………………… 161

四、渗透检测技术 …………………………………………………… 163

项目小结 ……………………………………………………………… 165

附录 Multisim 软件功能与应用 ………………………………… 166

参考文献 …………………………………………………………… 172

电子测量与仪器检测基础

【教学目标】

① 了解电子测量的定义、特点、内容和方法；

② 掌握测量误差的表示方法；

③ 掌握测量误差的分类；

④ 了解电子测量仪器的分类；

⑤ 掌握测量结果的处理方法。

【工作任务】

① 会根据测量结果计算绝对误差、相对误差，并进行误差分析；

② 会合理地处理测量结果；

③ 掌握电子测量仪器的基本使用要求。

【相关理论知识】

测量是人类对客观事物的认识过程，是借助技术工具并通过实验，对被测对象进行信息采集的方法。通过测量，我们能对事物进行定量的认识和定性的分析，从而达到认识自然和改造自然的目的。

著名科学家门捷列夫曾说过："没有测量，就没有科学。"测量科学的先驱凯尔文说过："一个事物你如果能够测量它，并且能用数字来表达它，你对它就有了深刻的了解，但如果你不知道如何测量它，且不能用数字表达它，那么你的知识可能就是贫瘠的，是不令人满意的。测量是知识的起点，也是你进入科学殿堂的开端。"由此可见，科学的进步和发展离不开测量，离开测量就不会有真正的科学。

20 世纪 30 年代，便开始了测量科学与电子科学的结合，产生了电子测量技术。随着电子测量技术的不断发展与进步，它已成为现代科学中不可或缺的技术手段，广泛应用于工业、农业、国防、通信、交通、贸易、医疗、教育等各个领域。从某种意义上来说，现代科学技术水平是由电子测量的技术水平来体现的，而电子测量技术水平是衡量一个国家科学技术水平的重要标志。

一、电子测量的定义

广义地说，凡是利用了电子技术的测量都称为电子测量，它的测量对象包括电量和非电量。狭义地说，电子测量是对电子学中电参量的测量。

二、电子测量的特点

与其他测量相比，电子测量具有以下特点。

1. 测量频率范围宽

被测信号的频率范围除测量直流信号以外，测量交流信号的频率范围低至 $\mu Hz(1\mu Hz=10^{-6}Hz)$，高至 THz 数量级 （$1THz=10^{12}Hz$）

2. 量程范围宽

量程是指各种仪器所能测量的参数的范围，在数值上等于测量的上限值与下限值的差值。电子测量仪器具有相当宽广的量程，如数字万用表对电压测量由纳伏（nV）级至千伏（kV）级电压，量程达 13 个数量级。

3. 测量准确度高

电子测量的准确度非常高，以频率测量和时间测量为例，由于采用原子频标和原子秒作为基准，其测量准确度已达到 $10^{13}\sim10^{14}$ 的数量级，是目前人类在测量准确度方面达到的最高指标。

4. 测量速度快

因为电子测量是通过电磁波的传播和电子运动进行工作，所以可以实现其他测量方式所无法比拟的测量速度。在测量过程中，许多变化是异常迅速的，没有高速的测量速度，就无法保证测量的准确度。

5. 易于实现遥测

可以通过各种类型的传感器实现遥测，是电子测量一个非常重要的特点。由于很多测量距离遥远或是测量环境恶劣，人不便长时间停留或是无法到达，例如深海、太空、地下、人体内部等。这时，可通过传感器进行测量。

6. 易于实现测量自动化和测量仪器微机化

随着大规模集成电路的迅速发展，并与微型计算机相结合，也使得电子测量技术得到了迅猛的发展，开拓了新的发展方向。在测量过程中，可以实现自动校准、自动故障诊断以及自动修复，并且自动记录、运算、分析和处理测量结果。

三、电子测量的内容

本课程主要分析狭义的电子测量，其测量内容如下。

① 电能量的测量，包括各种频率及波形的电压、电流、功率、电场强度等的测量。

② 电路参数的测量，包括电阻、电感、电容、阻抗、品质因数、电子器件参数等的测量。

③ 电信号特征的测量，包括信号、频率、周期、时间、相位、调幅度、调频指数、失真度、噪声，以及数字信号的逻辑状态等的测量。

④ 电子设备性能的测量，包括放大倍数、衰减、灵敏度、频率特性、通频带、噪声系数的测量。

⑤ 特性曲线的测量，包括幅频特性曲线、晶体管特性曲线等的测量和显示。

四、电子测量的方法

电子测量方法的分类形式有多种，下面介绍两种常见的分类方法。

1. 按测量方式分类

（1）直接测量

直接获得测量值的方法。例如：用万用表测量电阻；用电子计数器测量频率和周期等。

（2）间接测量

利用直接测量的量与被测量值之间的函数关系，通过计算而得到被测量值的方法。例如：要测量已知电阻 R 上消耗的功率，则需先测量流过电阻 R 的电流 I，然后再根据公式 $P = I^2 R$，便可求出功率 P 的值。

（3）组合测量

当被测量与几个未知量有关，测量一次无法得出结果时，则可改变测量条件进行多次测量，然后根据被测量与未知量之间的函数关系组成方程组并求解，从而得到未知量的测量方法。它兼用了直接测量和间接测量。

2. 按被测量性质分类

（1）时域测量

时域测量是指以时间为函数的量（如随时间变化的电压、电流等）的测量。例如用示波器观察被测信号（电压值）的瞬时波形，测量它的幅度、周期、上升时间和下降时间等参数。

（2）频域测量

频域测量是指以频率为函数的量（如随频率变化的电路的增益、相位）的测量。例如，用频谱分析仪对电路中产生的新的电压分量进行测量，可产生幅频特性曲线、相频特性曲线等。

（3）数据域测量

数据域测量是指对数字量进行的测量。例如，用逻辑分析仪观察多个输入通道的并行数据，或是观察一个通道的串行数据。

（4）随机测量

随机测量是指对各类噪声、干扰信号等进行测量。

除此之外，电子测量还有许多分类方法，例如动态与静态测量技术、实时与非实时测量技术、模拟和数字测量技术、有源与无源测量技术等。

【相关实践知识】

一、电子测量仪器的认识

1.电子测量仪器的分类

在电子测量中会用到的各种测量仪器或辅助设备统称为电子测量仪器。电子测量仪器的品种繁多，一般分为通用仪器和专用仪器两大类。专用仪器是指在某个专业领域中用于测定某些特殊参量的仪器。通用仪器主要用于测量某些基本电参量，它的应用面广泛。

通用仪器根据功能的不同，可以分为以下几类。

（1）信号发生器

用来提供测量所需的信号。如正弦信号发生器、脉冲信号发生器、函数信号发生器、任意波形发生器等。

（2）电压测量仪器

用来测量各类电信号的电压。如交流毫伏数字电压表、高频毫伏表等。

（3）示波器

用来显示信号波形。如数字示波器、通用示波器、取样示波器、荧光示波器等。

（4）信号分析仪器

用来分析和记录各种电参量的变化。如波形分析仪和频谱分析仪等。

（5）频率、时间和相位测量仪器

用来测量电信号的频率、时间间隔和相位差。如相位计、频率计等。

（6）电子元器件参数测试仪

主要用来测量电阻、电容、电感、晶体管等电子元器件的电参数。如晶体管特性图示仪、高频 Q 表、万用电桥等。

（7）电波特性测试仪

主要用于对干扰强度、电波传播等参量进行测量的仪器。如测试接收机、场强计、干扰测试仪等。

（8）数字系统测量仪器

用来分析数字电路的逻辑特性。如逻辑分析仪等。

（9）辅助仪器

用来配合上述各仪器对信号进行放大、衰减、检波等。如交直流放大器、检波器、衰减器等。

2.电子测量仪器的误差

由于电子测量仪器本身产生的误差，称为电子测量仪器的误差。它包括以下几个方面。

① 固有误差：是指在规定的基准工作条件下测量仪器的误差。

② 工作误差：满足额定工作条件时，在任意一点上测量某一性能特性而产生的误差。

③ 稳定误差：在规定的时间内，仪器的标称值所产生的误差极限。

④ 影响误差：表示由某一影响因素（温度误差、频率误差等）对测量仪器造成的误差。

二、电子测量误差的认识

所谓"有测量就有误差"，也就是说，误差是测量的必然产物，是测量不可避免的结果。在学习误差之前，首先认识几个重要概念。

◆ 真值：指一个量本身的真实数值，用字母 A_0 表示。测量的目的是获取真值，而真值是一个理想的概念，往往是不可得的。

◆ 实际值：指根据测量误差的要求，用更高一级标准器具测量所得之值，也称为约定真值，用 A 表示。因为真值很难得到，通常用实际值代替真值。

◆ 示值：由测量仪器或器具指示的被测量量值，称为该测量仪器或器具的示值，也称为测量值，用 x 表示。

1. 测量误差的表示方式

测量结果与被测量真值之间的差异，称之为测量误差。测量误差有两种表示方法，分别是绝对误差和相对误差。

（1）绝对误差

① 定义：绝对误差是测量所得到的测量值 x 与其真值 A_0 之差，记为 Δx，即：

$$\Delta x = x - A_0 \tag{1-1}$$

需要注意的是 Δx 不仅有大小，而且有符号和量纲，其量纲与测量值的量纲相同。绝对误差可以反映测量结果偏离真值的情况。

因真值往往不可得，所以实际应用中，用实际值 A 来代替真值 A_0，从而式(1-1) 可改写为：

$$\Delta x = x - A \tag{1-2}$$

② 修正值：修正值是与绝对误差大小相等，而符号相反的量值，用 C 表示，即：

$$C = -\Delta x = A - x \tag{1-3}$$

测量仪器需要定期检定，将标准仪器与受检仪器进行比对，可以采用表格、曲线或公式的形式给出修正值。在实际使用中，对测量结果进行公式修正，从而得到实际值，可表示为：

$$A = C + x \tag{1-4}$$

【例 1-1】 若某电压表的测量值为 5V，用标准表进行测量时读数为 4.8V，试问绝对误差是多少？若用该表测量另一电压的读数为 2V，则其实际值为多少？

解：根据题意可得，测量值为 5V，实际值为 4.8V，则：

$$\Delta x = x - A = 5 - 4.8 = 0.2(\text{V})$$

$$C = -\Delta x = -0.2(\text{V})$$

当电压表的读数为 2V 时，根据修正值可得其实际值为：

$$A = x + C = 2 - 0.2 = 1.8(\text{V})$$

（2）相对误差

定义：绝对误差与真值之比，称为相对误差，用 γ_{A_0} 表示为：

$$\gamma_{A_0} = \frac{\Delta x}{A_0} \times 100\% \tag{1-5}$$

相对误差只有大小和符号，没有量纲。它能反映测量的准确程度。

① 实际相对误差。在实际应用中，常用实际值 A 代替真值 A_0，上述式

子可改为：

$$\gamma_A = \frac{\Delta x}{A} \times 100\% \qquad (1\text{-}6)$$

式中 γ_A——实际相对误差。

② 示值相对误差。也可用测量值 x 代替实际值 A，由此得到的相对误差称为示值相对误差，用 γ_x 表示，即：

$$\gamma_x = \frac{\Delta x}{x} \times 100\% \qquad (1\text{-}7)$$

③ 引用相对误差。若用绝对误差 Δx 与仪器满刻度值 x_m 之比来表示相对误差，则称之为引用相对误差或满度相对误差，用 γ_m 表示，即：

$$\gamma_m = \frac{\Delta x}{x_m} \times 100\% \qquad (1\text{-}8)$$

而测量仪器的准确度可以应用最大相对误差 γ_{mm} 来表示，即：

$$\gamma_{mm} = \frac{\Delta x_m}{x_m} \times 100\% \qquad (1\text{-}9)$$

式中 Δx_m——仪器在该量程范围内可能出现的最大绝对误差；

x_m——仪器的满刻度值。

γ_{mm} 表示测量仪器在工作条件下不应该超过的最大相对误差，它反映了测量仪器的综合误差大小。

根据 γ_{mm} 值可把电工仪表划分为 7 个等级，用 s 表示，如表 1-1 所示。

表 1-1 电工仪表准确度等级

s	0.1	0.2	0.5	1.0	1.5	2.5	5.0
γ_{mm}	±0.1%	±0.2%	±0.5%	±1.0%	±1.5%	±2.5%	±5.0%

若电工仪表的等级为 s，满刻度值为 x_m，被测量的示值为 x，则测量的绝对误差为：

$$\Delta x = x_m \times (\pm s\%) \qquad (1\text{-}10)$$

其示值相对误差为：

$$\gamma_x = \frac{x_m}{x} \times (\pm s\%) \qquad (1\text{-}11)$$

当仪表的等级确定时，被测量值 x 越接近仪表的满刻度值 x_m，则误差越小，测量越准确。因此，在选用仪表量程时，应使被测量的数值尽可能在量程满刻度值的 2/3 以上。

【例 1-2】 火箭的射程是 10000km 时，其射击偏离预定点不超过 0.1km。一个射手能在 50m 范围内准确射击，偏离靶心不超过 2cm，试问哪个的射击精度更高？

解： 由题意可知，火箭在 10000km 量程内，产生的最大绝对误差为 0.1km，则：

$$\gamma_1 = \frac{0.1\text{km}}{10000\text{km}} \times 100\% = 0.001\%$$

而射手在 50m 的射击量程内，产生的最大绝对误差为 2cm，则：

$$\gamma_2 = \frac{2\text{cm}}{50\text{m}} \times 100\% = 0.04\%$$

$|\gamma_1| < |\gamma_2|$，说明火箭的射击精度更高。

【例 1-3】 某待测电流约为 100mA，现有 0.5 级量程为 0～400mA 和 1.5 级量程为 0～100mA 的两块电流表，问：用哪一个电流表测量较好？

解： 用 0.5 级量程为 0～400mA 的电流表测量时，最大相对误差为：

$$\gamma_{x_1} = \frac{x_\text{m}}{x} \times (\pm s\%) = \pm \frac{400}{100} \times 0.5\% = \pm 2\%$$

用 1.5 级量程为 0～100mA 的电流表测量时，最大相对误差为：

$$\gamma_{x_2} = \frac{x_\text{m}}{x} \times (\pm s\%) = \pm \frac{100}{100} \times 1.5\% = \pm 1.5\%$$

$$|\gamma_{x_1}| > |\gamma_{x_2}|$$

所以，选用 1.5 级量程为 0～100mA 的电流表较好。

2. 误差的来源

（1）仪器误差

由于测量仪器本身及其附件的设计、制造、检定等不完善，或者测量仪器在使用过程中的老化、磨损等因素使仪器带有误差。

（2）人身误差

由于测量人员感官的分辨能力、测量习惯等原因，而导致使用不当、现象判断出错等引起的误差。

（3）影响误差

由于各种环境因素（温度、湿度、电磁场等）与测量条件不一致而引起的误差。

（4）理论误差和方法误差

由于测量原理不严谨、测量方法不合适，或是采用近似公式而造成的误差。

3.误差的分类

误差根据其性质的不同，可以分为随机误差、系统误差、粗大误差（疏失误差）三类。

（1）随机误差

① 定义。在同一测量条件下，对同一量值做等精度测量，误差的绝对值和方向以不可预知的方式发生变化，这样的误差称为随机误差，也叫偶然误差。用 δ_i 表示第 i 次测量时的随机误差。

② 特点。随机误差主要由一些对测量值影响微小而又互不相关的因素共同造成的。例如：噪声的干扰、空气的流动、温度的轻微变化等。

单次测量的随机误差是没有规律可循的，但多次测量（测量次数足够多）中的随机误差具有以下几个特点。

a.对称性——绝对值相等方向相反的随机误差出现的概率是一样的。

b.抵偿性——无限次测量时，随机误差的平均值为 0。

c.有界性——随机在一定的范围内波动。

根据上述随机误差的特点，可以采用对多次测量值求算术平均值的方法来减小随机误差对测量结果的影响。

（2）系统误差

① 定义。当测量条件保持不变时，误差的绝对值和方向保持恒定；或是当测量条件改变时，误差的绝对值和方向遵循某种确定的规律变化。这样的误差称为系统误差，用 ε 表示。系统误差主要是由测量设备本身的缺陷或是测量方法不完善等原因引起的。系统误差越小，测量就越准确。

② 分类。根据定义，系统误差可以分为恒值系统误差和变值系统误差。而变值系统误差又分为线性系统误差（累进性系统误差）、周期性系统误差和复杂规律变化的系统误差。系统误差的特性如图 1-1 所示。

③ 减小系统误差的方法。从产生系统误差根源上，采取措施减小误差。比如，从测量原理和测量方法尽量做到正确、严格；测量仪器定期检定和校准，正确使用仪器；注意周围环境对测量的影响，特别是温度对电子测量的影响较大；尽量减少或消除测量人员主观原因造成的系统误差。应提高测量人员业务技术水平和工作责任心，改进设备。

在实际应用中，也会采用一些专门的测量方法来减小或消除系统误差。

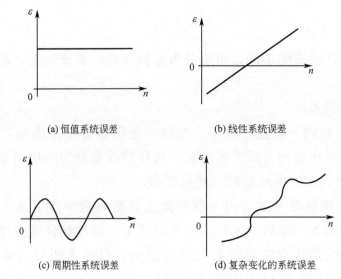

(a) 恒值系统误差　　　　　　　(b) 线性系统误差

(c) 周期性系统误差　　　　　　(d) 复杂变化的系统误差

图 1-1　系统误差的特性

a. 零示法。在测量时，用指零仪表将被测量与标准量进行比较，并连续改变标准量使指零仪表指示为零。此时被测量就等于标准量的数值。通常可以用零示法消除指示仪表不准确所产生的系统误差。

b. 微差法。通过测量被测量与标准量的微小差值，来获取被测量的方法。微差法使得指示仪表引起的误差对测量结果的影响被大大削弱。

c. 交换法。当某些因素对测量产生单一方向的系统误差时，可以通过交换被测量在测量系统中的位置或是改变测量方向进行两次测量，使两次测量中误差源对被测量的作用相反。对上述两次测量结果取平均值，将大大削弱系统误差对测量结果的影响。

d. 替代法。保持测量条件不同，用一已知标准量代替被测量，并调整标准量使仪器的示值不变，此时被测量等于已知标准量的数值。

（3）粗大误差

① 定义。粗大误差又称疏失误差。在一定的测量条件下，测量值明显偏离实际值而造成的测量误差。

粗大误差出现的概率很小，其产生的原因是：测量人员的主观原因，如操作失误或错误记录；或是客观外界条件的原因，如测量条件意外改变、受较大的电磁干扰，或测量仪器偶然失效等。

② 粗大误差的消除方法。凡是含有粗大误差的测量值均称为坏值。在数据处理时，通过莱特准则或格拉布斯准则，判断可疑数据是否为坏值，若是，将其剔除；倘若存在多个可疑数据，则应逐个剔除，直至测量数据中不

含有坏值。

4.误差的评定

为了正确地说明测量结果,通常用正确度、精密度和准确度来综合评定,它们的意义如下。

(1)正确度

指测量值与真值的接近程度。它反映系统误差的影响程度,系统误差小,则正确度高,但可能存在较大的随机误差。

(2)精密度

指测量值重复一致的程度。测量过程中,在相同条件下用同一方法对某一量进行重复测量时,所测得的数值相互之间接近的程度。数值越接近,精密度越高。换句话说,精密度用以表示测量值的重现性,反映随机误差的影响。

(3)准确度

反映系统误差和随机误差综合影响的程度。准确度高,说明正确度及精密度都高,意味着系统误差及随机误差都小。一切测量都应力求实现既精密而又准确。

三、测量数据的处理

1.测量结果的表示

测量结果通常用数字表示,包括数值和单位。如 5.20V,-3.76mA,10kΩ 等。有时为了说明测量结果的可信度,还需要注明其误差值或范围,如:(1.5 ± 0.1)V、(500 ± 1)kHz。

2.数字舍入规则

由于测量数据和测量结果均是近似数,其位数各不相同。为了使测量结果的表示准确唯一,计算简便,在数据处理时,需要对测量数据和所用常数进行修约处理。将经过舍入处理后的数字的最后一位称为末位,其数据舍入规则为:

① 小于5舍去——末位不变;

② 大于5进1——在末位增1;

③ 等于5时,看奇偶——当末位是偶数,末位不变;末位是奇数,在末位增1(将末位凑为偶数)。

以上舍入规则可简化为:四舍六入,五看奇偶。

【例 1-4】 将下列数据舍入到小数第二位。

12.4344→12.43   63.73501→63.74   0.69499→0.69

25.3250→25.32   17.6955→17.70   123.1150→123.12

需要注意的是，舍入应一次到位，不能逐位舍入。如上例中 0.69499，正确结果为 0.69，错误做法是：0.69499→0.6950→0.695→0.70。

注意事项如下。

① 经舍入处理后的数据，其末位为欠准数字，末位之前的数字是准确数字。

② 舍入误差不大于末位单位的一半，称为"0.5 误差原则"。例如：3.142 的极限误差的绝对值不大于 0.0005。

3. 有效数字

有效数字是指当绝对误差满足 0.5 误差原则时，从最左边第一位非零数字算起，到最末一位数字为止的所有数字。

在测量过程中，正确地写出测量结果的有效数字，合理地确定测量结果位数是非常重要的。

对有效数字位数的确定应掌握以下几方面内容。

（1）有效数字位与测量误差具有一定的关系

数字带有绝对误差时，有效数字的末位应和绝对误差取齐，即两者的欠准数字所在数字位必须相同。例如：0.87±0.01，4.33±0.08。

（2）"0"的意义

"0"在最左边不是有效数字，末位的"0"是有效数字，不能随意舍去。例如，0.2 的有效数字是 1 位，该数在区间 0.15～0.25 内。而 0.20 的有效数字是 2 位，该数在区间 0.195～0.205 内。

（3）有效数字不能因单位变化而变化

例如，2000mA 可以写成 2.000A，都表示有四位有效数字，而不能写成 2A。1kHz 可以写成 1×10^3 Hz，都表示有一位有效数字，不能写成 1000Hz。

4. 近似运算

（1）加减法运算

以小数点后位数最少的为准（若各项无小数点，则以有效位数最少者为准），其余各数可多取一位。

例如：$10.2838 + 15.03 + 8.69547 = 10.284 + 15.03 + 8.695$

$$= 34.009 \approx 34.01$$

（2）乘除法运算

以有效数字位数最少的数为准，其余参与运算的数字比有效数字位数最少者多1位，结果中的有效数字位数与之相等。

例如：$\dfrac{517.43 \times 0.28}{4.08} = \dfrac{517 \times 0.28}{4.08} \approx 35.48 \approx 35$

（3）乘方运算

运算结果比原数多保留一位有效数字。

例如：$(27.8)^2 \approx 772.8$

项目小结

本项目主要讲解了电子测量的基本知识。

1. 简要介绍了电子测量的定义、特点、内容、分类以及方法。

2. 简要介绍了电子测量仪器的分类和误差。

3. 测量误差是指测量值和真值之间的差异。其表示方法有绝对误差和相对误差，而相对误差又可表示为实际相对误差、示值相对误差和引用相对误差。

4. 根据性质的不同，测量误差可以分为随机误差、系统误差和粗大误差。随机误差的特性是：有界性、对称性、抵偿性、单峰性。系统误差又可分为恒值系统误差和变值系统误差。粗大误差的处理方式是剔除坏值。精密度反映随机误差的影响程度，正确度反映系统误差的影响情况，准确度反映随机误差和系统误差的综合影响程度。

5. 用数字表示测量结果，需要确定有效数字的位数。在对数据进行处理时，要满足"四舍六入，五看奇偶"的舍入原则。

习　　题

1. 电子测量的定义是什么？

2. 什么是测量误差？测量误差可以分为哪几类？

3. 某电压表测出电压值为52V，标准表测出是53.2V，试求其绝对误差和修正值。

4. 检定1.5级量程为100V的电压表，在40V刻度上，标准电压表的读数为39V，问此表是否合格？

5.有一个10V标准电压，用100V挡、0.5级和15V挡、2.5级的两只万用表测量，问哪只表测量误差小？

6.10V挡、1.0级的万用表分别测量5V和1V的电压，试问哪次测量的准确度高？为什么？

7.用0.2级100mA的电流表和2.5级100mA的电流表串联测量电流，前者示值为80mA，后者示值为77.8mA。

（1）如果用前者作为标准表检验后者，问被校表的绝对误差是多少？应当引入的修正值是多少？测量值的实际相对误差是多少？

（2）如果认为上述结果是最大误差的话，则被校表的准确度应定为几级？

8.按照舍入规则，将下列数据保留到三位有效数字。

     33.650   0.0023150   7.0008

     32.436   0.9001   89.99999

9.若下列几组数据表示的都是同一量，则哪些是正确的？为什么？

     6500kHz±1kHz   6.500MHz±1kHz

     6.5MHz±1kHz   6500kHz±1000Hz

测量用信号源及其应用

【教学目标】

① 了解信号发生器的分类及技术指标；

② 了解信号发生器的基本组成；

③ 了解低频信号发生器、高频信号发生器和函数信号发生器的基本组成、工作原理和功能；

④ 能够熟练掌握信号发生器的基本操作。

【工作任务】

① 输出指定频率、有效值的正弦信号，并用示波器进行测量；

② 输出指定频率、峰峰值的三角波信号，并用示波器进行测量；

③ 输出指定频率、峰峰值的方波信号，并用示波器进行测量。

【教学案例】

信号发生器是一种可以提供各种频率、波形和输出电平的设备，在电子电路实验中会经常使用到。与信号发生器同时使用的还有示波器和直流稳压电源，如图 2-1 所示为测量放大器放大倍数的连接图。在实验中，按照图示

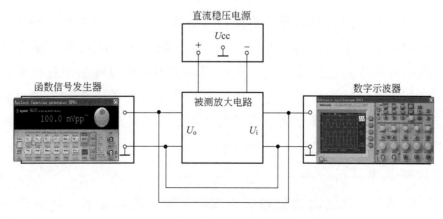

图 2-1　测量放大器放大倍数的连接图

连接各个设备，并按照测量步骤操作，就可以根据测量结果计算出被测电路放大倍数。

操作步骤如下：

① 按图连接好电路，如图 2-1 所示；

② 调节直流稳压电源，输出所需直流电压；

③ 调节信号发生器，输出所需信号；

④ 调节示波器，观察并记录输入、输出波形电压幅度值；

⑤ 根据 $A_V = U_o/U_i$ 计算被测电路放大倍数。

【相关理论知识】

测量用信号源是指测量用信号发生器，可以产生不同频率的正弦信号、调幅信号、调频信号，以及各种频率的方波、三角波、锯齿波、正负脉冲信号等，其输出信号的幅值也可以按需要进行调节。在科研、生产、测试和维修各种电子设备时，都需要用到信号源，可以说，绝大多数电参量的测量都需要用到信号源。

一、信号发生器的分类

信号发生器的用途广泛、种类繁多，可分为通用信号发生器和专用信号发生器两大类。专用信号发生器是为某种特殊要求设计、生产的，能够提供专用的测量信号，如电视信号发生器、调频信号发生器等。而通用信号发生器具有广泛的应用性，如正弦信号源、脉冲信号源等。通用信号发生器可以根据以下方法进行分类。

1. 按照输出波形分类

按照信号发生器输出波形的不同，可分为正弦信号发生器、函数信号发生器、脉冲信号发生器和随机信号发生器，应用最普遍的是正弦信号发生器。函数信号发生器也比较常用，这是因为它不仅可以输出多种波形，而且信号频率范围宽；脉冲信号发生器用于测量数字电路的工作和模拟电路的瞬态响应；随机信号发生器及噪声信号发生器，用来生产实际电路与系统中模拟噪声信号，借以测量电路的噪声特性。

2. 按照频率范围分类

按照信号发生器输出信号频率范围的不同，信号发生器通常分为超低频、低频、视频、高频、甚高频、超高频信号发生器，如表 2-1 所示。

表 2-1　信号发生器的频率范围

类型	频率范围
超低频信号发生器	0.0001Hz～1kHz
低频信号发生器	1Hz～1MHz
视频信号发生器	20Hz～10MHz
高频信号发生器	200kHz～30MHz
甚高频信号发生器	30～300MHz
超高频信号发生器	300MHz 以上

注意： 频率范围的划分并不是绝对的，各类信号发生器频率范围也存在重叠的情况，这与它们的应用范围不同有关。

3.按照性能指标分类

按照信号发生器性能指标的不同，信号发生器分为一般信号发生器和标准信号发生器。前者是指对输出信号的频率、幅度的准确度和稳定度，以及波形失真等指标要求均不高的一类信号发生器；而后者是指输出信号的频率、幅度等在一定范围内连续可调，并且对读数要求准确、稳定、屏蔽良好的中、高档信号发生器。

二、信号发生器的一般组成

图 2-2 是信号发生器的一般组成框图。不同类型的信号发生器虽然组成有所不同，但其基本结构是相似的，主要由五部分组成：主振器、变换器、输出电路、电源和指示器。

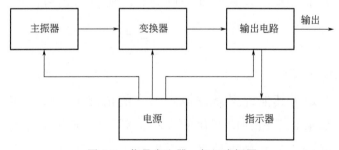

图 2-2　信号发生器一般组成框图

1.主振器

主振器是信号发生器的核心，用于产生不同频率、不同波形的信号。信号发生器的一些重要工作特性基本上由主振器决定。

2. 变换器

变换器可以是电压放大器、功率放大器或调制器、脉冲形成器等，它将振荡器的输出信号进行放大或变换，进一步提高信号的电平并给出所要求的波形。

3. 输出电路

输出电路为被测设备提供所要求的输出信号电平或信号功率，包括调整信号输出电平和输出阻抗的装置，如衰减器、匹配用阻抗变换器、射极跟随器等电路。

4. 指示器

指示器用于检测输出信号的电平、频率及调制度，它可能是电压表、功率计、频率计等。

三、信号发生器的主要技术指标

信号发生器的主要技术指标有以下几项。

1. 频率特性

频率特性指标主要包括有效频率范围、频率准确度和频率稳定度。

（1）有效频率范围

有效频率范围是指其他指标均能得到保证的输出信号的频率范围。

（2）频率准确度

频率准确度是指频率实际值 f_x 与其标称值 f_0 的相对偏差，也就是输出信号频率的工作误差。设频率准确度为 α，则表达式为：

$$\alpha = \frac{f_x - f_0}{f_0} = \frac{\Delta f}{f_0}$$

（3）频率稳定度

频率稳定度是指其他外界条件恒定不变的情况下，在规定时间内，信号发生器输出频率相对于预调值变化的大小。频率稳定度又分为短期稳定度和长期稳定度。短期稳定度是指信号发生器经规定的预热时间后，信号频率在任意 15min 内发生的最大变化。设短期稳定度为 δ，表达式为：

$$\delta = \frac{f_{\max} - f_{\min}}{f_0} \times 100\%$$

式中　$f_{\max}$——任意 15min 时间内信号输出频率的最大值；

　　　$f_{\min}$——任意 15min 时间内信号输出频率的最小值；

　　　f_0——预调值。

长期稳定度是指信号发生器经规定的预热时间后，信号频率在任意 3h 内发生的最大变化。

2. 输出特性

信号发生器的输出形式如图 2-3 所示，包括平衡输出（即对称输出 u_2）和不平衡输出（即不对称输出 u_1）两种形式。

3. 调制特性

对高频信号发生器来说，一般还能输出调制波，调制类型一般有调幅（AM）、调频（FM）、脉冲调制（PM）等。当调制信号由信号发生器内部产生时，称为内调制；当调制信号由外部电路或低频信号发生器提供时，称为外调制。

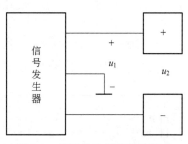

图 2-3　信号发生器的输出形式

四、低频信号发生器

低频信号发生器又称为音频信号发生器，用来产生频率范围为 1Hz～1MHz 的低频正弦信号、方波信号及其他波形信号。它是一种多功能、宽量程的电子仪器，在低频电路测试中应用比较广泛，还可以为高频信号发生器提供外部调制信号。低频信号发生器组成主要包括主振器、电压放大器、输出衰减器、功率放大器、阻抗变换器和指示电压表等，如图 2-4 所示。

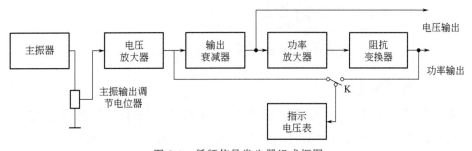

图 2-4　低频信号发生器组成框图

1. 主振器

主振器是低频信号发生器的核心，产生频率可调的正弦信号，一般由

RC 振荡器或差频式振荡器这两种电路组成。主振器在很大程度上决定了输出信号的频率特性、稳定度等。

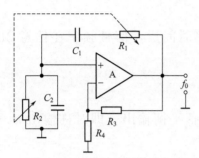

图 2-5 文氏桥式振荡器的电路原理图

（1）RC 振荡电路

RC 文氏振荡器具有输出波形失真小、振荡幅度稳定等特点，故被普遍用于低频信号发生器主振器中。图 2-5 为 RC 文氏振荡器的电路原理图。图中，R_1、C_1、R_2、C_2 组成 RC 选频网络，如果 $R_1 = R_2 = R$，$C_1 = C_2 = C$，则选频网络的振荡中心频率为 $f_0 = \dfrac{1}{2\pi RC}$；

R_3、R_4 组成负反馈臂，可自动稳幅。图 2-6 为 RC 文氏桥式振荡器 Multisim 电路仿真图及其输出波形。

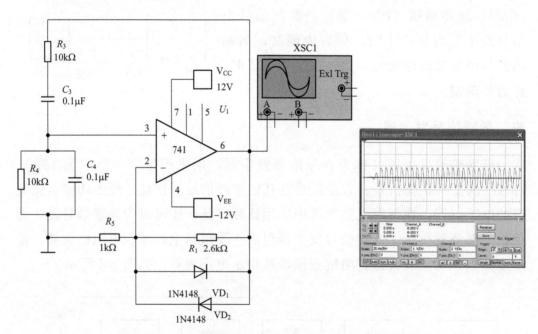

图 2-6 文氏桥式振荡器 Multisim 电路仿真图及其输出波形

（2）差频式振荡器

文氏振荡器每个波段的频率覆盖系数（即最高频率与最低频率之比）为 10。因此，要覆盖 1Hz～1MHz 的频率范围，至少需要 5 个波段。为了在不分波段的情况下得到很宽的频率覆盖范围，故采用差频式振荡器，其原理框图如图 2-7 所示。主要由固定频率高频振荡器、可变频率高频振荡器、混频器、低通滤波器和低频放大器组成。

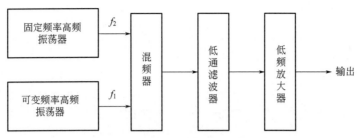

图 2-7 差频式振荡器原理框图

差频振荡器产生的低频正弦信号频率覆盖范围很宽，且无需转换不同波段就可以在整个高频段内实现连续可调。其缺点是电路复杂，频率稳定性差。

2. 电压放大器

电压放大器兼有缓冲与电压放大的作用。缓冲是为了使后级电路不影响主振器的工作，一般采用射极跟随器或运放组成的电压跟随器。放大是为了使信号发生器的输出电压达到预定技术指标。为了使主振输出幅度调节电位器的阻值变化，不影响电压放大倍数且电压输出具有一定的负载能力，要求电压放大器具有较高输入阻抗和较低输出阻抗。

3. 输出衰减器

输出衰减器用于改变信号发生器的输出电压或功率，由连续调节器和步进调节器组成。低频信号发生器中常常采用连续调节器和步进调节器组合进行衰减，如图 2-8 所示。采用电位器 R_p 作为连续调节器（细调），采用步进衰减器 S 按每挡的衰减分贝数逐挡进行衰减（粗调）。以图 2-8 所示 U_{o2} 挡为例，可以根据下式计算衰减量：

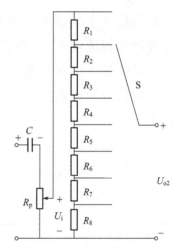

图 2-8 常用输出衰减器电路原理图

$$\frac{U_{o2}}{U_i} = \frac{R_2 + R_3 + R_4 + R_5 + R_6 + R_7 + R_8}{R_1 + R_2 + R_3 + R_4 + R_5 + R_6 + R_7 + R_8}$$

根据低频信号发生器的参数计算可得：

$$\frac{U_{o2}}{U_i} = 0.316$$

两边取对数可得：

$$20\lg \frac{U_{o2}}{U_i} = -10\text{dB}$$

同理第 3 挡 U_{o3} 为：

$$20\lg \frac{U_{o3}}{U_i} = -20\text{dB}$$

依次类推，波段开关每增加一挡，就增加 10dB 的衰减量。

4.功率放大器及阻抗匹配变换器

功率放大器用来对衰减器的输出电压信号进行功率放大，使信号发生器达到额定功率输出。为了实现与不同负载匹配，功率放大器之后与阻抗变换器相接，这样可以得到失真小的波形和最大的功率输出。

阻抗变换器只有在要求功率输出时才使用，电压输出时只需要衰减器。阻抗变换器即输出匹配变压器，以减少低频损耗。

五、高频信号发生器

高频信号发生器也称为射频信号发生器，通常产生 200kHz～30MHz 的正弦波或调幅波信号，在高频电子线路工作特性（如各类高频接收机的灵敏度、选择性等）的调整测试中应用较广。

高频信号发生器组成的基本框图如图 2-9 所示，主要包括主振器、缓冲级、调制级、输出级、衰减器、内调制振荡器、监测电路和电源等部分。主振器产生的高频正弦信号，送入调制级用内调制振荡器或外调制输入的音频信号调制，再送到输出级，以保证有一定的输出电平调节范围和恒定的源阻抗。监视器用来测量输出信号的载波电平和调幅系数。

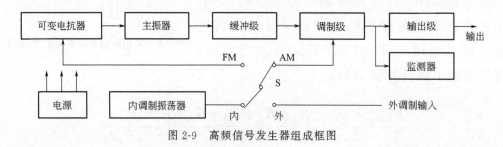

图 2-9　高频信号发生器组成框图

1.可变电抗器

可变电抗器与主振器的谐振回路相耦合，在调制信号作用下，控制谐振回路电抗的变化而实现调频功能。为了使高频信号发生器有较宽的工作频率范围和主振器工作在较窄的频率范围，以提高输出频率的稳定度和准确度，必要时可在主振级之后加入倍频器、分频器和混频器等。

2.主振器

主振器就是载波发生器，也叫高频振荡器，其作用是产生高频等幅信号。振荡电路通常采用 LC 振荡器。根据反馈方式的不同，可以分为变压器反馈式、电感反馈式（又称为电感三点式）及电容反馈式（又称为电容三点式）等三种振荡器形式。而高频信号发生器的主振级一般采用变压器反馈和电感反馈振荡电路，如图 2-10 所示。通常通过切换振荡回路中不同的电感 L 来改变频段，通过改变振荡回路中的电容 C 来改变振荡频率的调节。

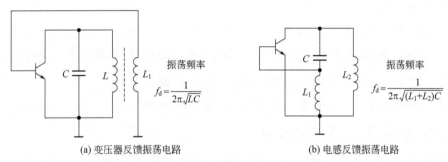

(a) 变压器反馈振荡电路　　　　　　　　　(b) 电感反馈振荡电路

图 2-10　高频信号发生器主振器

3.缓冲级

缓冲级主要起阻抗变换的作用，用来隔离调制级对主振级产生的不良影响，以保证主振器稳定工作。

4.调制级

调制级实现调制信号对载波的调制，包括调频、调幅、脉冲调制和正弦波频率调制等方式。其中，调幅主要用于高频段，调频主要用于甚高频和超高频段，脉冲调制多用于微波信号发生器，视频调制主要用于电视使用的频段。现在的信号发生器大都能同时进行调幅和调频。

5.调制信号发生器

调制信号发生器分为内调制信号和外调制信号两种。调制信号发生器就是产生内调制信号的，也叫内调制振荡器，一般的高频信号发生器产生的内调制信号有 400Hz 和 1kHz 两种。当调制信号由外部电路提供时称为外调制。

6.输出级

输出级主要由放大器、滤波器、连续可调衰减器、步级衰减器等组成。对输出级的要求是：输出电平调节范围宽，能准确读出衰减量，有良好的频率特性，输出端有固定而准确的内阻。需要注意的是，输出级必须工作在阻抗匹配的条件下，因此必须在高频信号发生器输出端与负载之间加入阻抗变换器以实现阻抗的匹配。

六、函数信号发生器

函数信号发生器实际上是一种能产生正弦波、方波、三角波等多波形的信号发生器（频率范围约几毫赫到几十兆赫），由于其输出波形均为数学函数，故称为函数信号发生器。

函数信号发生器产生信号的方法通常有以下三种。

第一种：先由施密特电路产生方波，然后经变换得到三角波和正弦波；

第二种：先产生正弦波再得到方波和三角波；

第三种：先产生三角波再经变换得到方波和正弦波。

1.方波-三角波-正弦波方案

如图 2-11 所示，由外触发或内触发脉冲触发施密特电路产生方波，输出信号的频率由触发脉冲决定，然后经积分器输出线性变化的三角波或斜波，调节积分时间常数 RC 的值，可以改变积分速度，从而调节三角波的幅度，最后由正弦波形成电路输出正弦波。

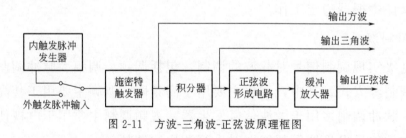

图 2-11　方波-三角波-正弦波原理框图

2.正弦波-方波-三角波方案

如图 2-12 所示，首先由正弦波振荡器产生正弦波，经缓冲级隔离后分两路：一路送放大器输出正弦波；另一路作为方波形成器的触发信号。方波形成器通常由施密特触发器组成，它输出两路信号：一路将方波送放大器经放大后输出；另一路作为积分器输入信号，积分器将方波变成三角波，经放大后输出。

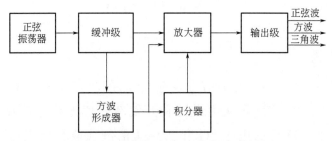

图 2-12　正弦波-方波-三角波原理框图

3.三角波-方波-正弦波方案

如图 2-13 所示，由三角波发生器先产生三角波，然后经方波形成电路产生方波，或经正弦波形成电路形成正弦波，最后经过缓冲放大器输出所需信号。

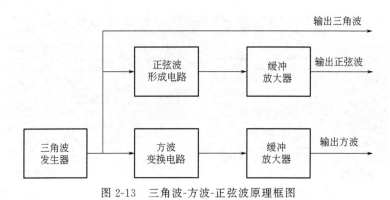

图 2-13　三角波-方波-正弦波原理框图

【相关实践知识】

一、认识安捷伦 E4438C ESG 型矢量信号发生器

1.主要功能及性能指标

① 频率覆盖范围从 250kHz 到 1、2、3、4GHz 或 6GHz，其中高端频率取决于购买的信号发生器的频率选件；

② 频率和幅度的列表和步进扫描，并带有多种触发源；

③ 用户平坦度修正；

④ 外部二极管检波器电平调整；

⑤ 具有 GPIB RS-232 和 10BASE-TLAN 接口；

⑥ 可选择的波形有：正弦波、方波、正斜波、负斜波、三角波、高斯

噪声波、均匀噪声波、扫描正弦波和双正弦波；

⑦ 可变频率调制速率。

2. 面板结构

Agilent E4438C ESG 矢量信号发生器具有领先的性能和优异的内置基带信号生成能力，能够满足从事设计和开发新一代无线通信及生产测试环境的工程师的需要。这是适用于 3G 和新兴通信制式收信机及部件测试的理想设备。它具有高达 6GHz 的频率覆盖，160MHz RF 调制带宽的基带发生器，以及 32M 采样的存储器。E4438C ESG 矢量信号发生器能产生适用于不同制式的多载波信号，并能保全全部测试图样。E4438C ESG 矢量信号发生器前面板结构如图 2-14 所示。

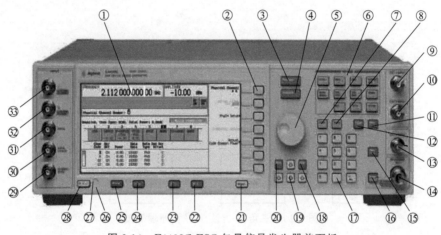

图 2-14　E4438C ESG 矢量信号发生器前面板

各部分介绍如下。

① 显示屏。LCD 屏幕显示的是有关当前功能的信息。

② 软功能键。软功能键激活每个键左边显示的标签所指示的功能。

③ Frequency（频率）键。按下此键会激活频率功能，可以更改 RF 输出频率，或使用菜单来配置频率属性，如倍频、频偏和参考频率。

④ Amplitude（幅度）键。按下此键可以激活幅度功能，可以更改 RF 输出幅度或使用菜单来配置幅度属性，如功率、搜索、用户平坦度和电平调整模式。

⑤ 旋钮。旋转旋钮增大或减少数值，或者更改突出显示的数字或字符。也可以使用旋钮在列表中单步进行选择或者选择行中的项。

⑥ Menu（菜单）键。通过此硬功能键访问软功能键菜单，使用户能够配置列表和步进扫描、实用程序功能、LF 输出，以及各种模拟调制类型。

⑦ Save（保存）键。此硬功能键访问软功能键菜单，可使用户将数据保存在仪器状态寄存器中。

⑧ Recall（重新调用）键。此硬功能键可以还原以前保存在存储寄存器中的任何仪器状态。

⑨ EXT 1 INPUT。此 BNC 输入连接器接受 AM、FM 和 ΦM 的 $\pm 1V_p$ 信号。对于所有这些调制信号，$\pm 1V_p$ 会产生所指示的偏移或调制深度。

⑩ EXT 2 INPUT。此 BNC 输入连接器接受 AM、FM 和 ΦM，以及脉冲调制的 $\pm 1V_p$ 信号。对于 AM、FM 或 ΦM，$\pm 1V_p$ 产生指示的偏移或调制深度。

⑪ Help（帮助）键。按下此硬功能键，可以查看所有硬功能键或软功能键的简短说明。信号发生器上有两种帮助模式可供使用，分别是单模式和连续模式。单模式是出厂预设模式。

⑫ Trigger（触发）键。此硬功能键为某一功能（例如列表或步进扫描）启动一个即时触发事件。触发模式必须先设置为 Trigger Key（触发键），然后才能用此硬功能键启动触发事件。

⑬ LF OUTPUT。此 BNC 连接器用于输出低频（LF）源函数发生器生成的调制信号。该输出能够在负载为 50Ω 的情况下，输出达到 $3V_p$（标称值）。

⑭ RF OUTPUT。此 N 型包容式连接器用于输出 RF 信号。

⑮ Mod On/Off（调制开关）键。此硬功能键切换所有调制信号的工作状态。

⑯ RF On/Off（RF 开关）键。此硬功能键切换出现在 RF OUTPUT 连接器上的 RF 信号的工作状态。显示屏上会一直出现一个指示符，以指示 RF 的开关状态。

⑰ 数字小键盘。数字小键盘由数字 0～9 共 10 个硬功能键、一个小数点硬功能键和一个退格硬功能键组成。

⑱ Incr Set（增量设置）键。使用此硬功能键可以设置当前活动功能的增量值。

⑲ 箭头键。向上箭头和向下箭头硬功能键用于增大或减小数值、单步选择显示的列表，或者选择显示列表的某一行中的项。

⑳ Hold（保持）键。此硬功能键清空显示屏上的软功能键标签区域和文本区域。一旦按下此硬功能键，软功能键、箭头硬功能键、旋钮、数字小键盘和 Incr Set（增量设置）硬功能键都不起任何作用。

㉑ Return（返回）键。使用此硬功能键可以返回按键。如果在一个不止一级的菜单中，Return（返回）键将始终返回到菜单的第一级。

㉒ 显示屏对比度增大键。如果按下或按住此硬功能键，会使显示屏的背景加亮。

㉓ 显示屏对比度减小键。如果按下或按住此硬功能键，会使显示屏的背景变暗。

㉔ Local（本地）键。此硬功能键用于关闭远程操作，并将信号发生器返回到前面板控制。

㉕ Preset（预设）键。此硬功能键用于将信号发生器设置到一种已知状态（出厂或用户定义状态）。

㉖ 备用 LED。此黄色 LED 指示信号发生器的电源开关设置为备用状态。

㉗ 电源 LED。此绿色 LED 指示信号发生器的电源开关设置为打开状态。

㉘ 电源开关。此开关在设置到接通位置时，将激活信号发生器的满功率状态；而在处于备用模式时，会关闭信号发生器的所有功能。在备用模式下，信号发生器依然连接到电源，并给某些内部电路供电。

㉙ SYMBOL SYNC（输入连接器）。该 CMOS 兼容的 SYMBOL SYNC 连接器，接受为数字调制应用外部提供的符号同步信号。正确输入应是 TTL 或 CMOS 位时钟信号。

㉚ DATA CLOCK（输入连接器）。该 TTL/CMOS 兼容型 DATA CLOCK 连接器，接受用于数字调制的外部提供的数据时钟输入信号。正确输入应是 TTL 或 CMOS 信号。

㉛ DATA（输入连接器）。该 TTL/CMOS 兼容型 DATA 连接器，接受用于数字调制的外部提供的数据输入信号。正确输入应是 TTL 或 CMOS 信号，其中 CMOS 高电平等于数据 1，CMOS 低电平等于数据 0。

㉜ Q（输入连接器）。此连接器接受 I/Q 调制信号的外部提供的、模拟的正交相位组成部分。

㉝ I（输入连接器）。此连接器接受 I/Q 调制信号的外部提供的、模拟的、同相组成部分。

3. 基本操作

（1）设置 RF 输出频率

① 按下 Preset，这将使信号发生器返回到出厂时定义的状态。

② 观察显示屏中的（FREQUENCY）区域（它在显示屏的左上角），所显示的值是信号发生器指定的最高频率。

③ 按下 RF On/Off（RF 开/关）。

④ 此时，700MHz RF 频率将出现在显示屏的 FREQUENCY 区域和活动条目区域中。

⑤ 按下 Frequency＞Incr Set（增量设置）＞1＞MHz。这将把频率增量值更改为 1MHz。

⑥ 按下向上箭头键，每按一次向上箭头键，频率就按上次用 Incr Set 硬功能键设置的增量值递增。增量值显示在活动条目区域中。

⑦ 向下箭头键将使频率按照前一步中设置的增量值递减。以 1MHz 的增量值逐步改变频率；

⑧ 使用旋钮将频率调回到 700MHz。

（2）设置 RF 输出宽度

① 按下 Preset 键。

② 观察显示屏的 AMPLITUDE 幅度（区域）。显示屏显示的是信号发生器的最低功率电平。这是常规的预设 RF 输出幅度。

③ 按下 RF On/Off。显示屏指示符的状态将从 RF Off 更改为 RF On。此时，RF 信号将以 RF OUTPUT 连接器处的最低功率电平输出。

④ 按下 Amplitude＞−20＞dBm。这将把幅度更改为 −20dBm。此时，新的 −20dBm RF 输出功率将出现在显示屏的 AMPLITUDE 区域和活动条目区域。

二、认识安捷伦 33120A 型函数信号发生器

安捷伦函数信号发生器 33120A 是数字式函数信号发生器。其内部永久存储着正弦波、方波、三角波、噪声、锯齿波、$\sin(x)/x$、负锯齿波、指数上升波、指数下降波、心电波，共 10 种函数信号。其中，正弦波、方波的频率范围为 $100\mu Hz \sim 15MHz$，幅值范围为 $100mV_{PP} \sim 10V_{PP}$。函数信号发生器有一个 HP-IB（IEEE-488）接口和一个 RS-232 接口，计算机通过接口可遥控函数信号发生器，在计算机中使用 HP BASIC 语言程序或 C 语言程序，能产生 12bit 40Msa/s 的任意波形，通过接口写入函数信号发生器，函数信号发生器有四个可存储 16000 点的任意波形存储器。

1.主要性能指标

（1）波形（表 2-2）

表 2-2　波形

波形	函数信号及指标	
标准波形	正弦波、方波、三角波、斜波、噪声、$\sin(x)/x$、指数上升、指数下降、心（律）波、直流电压	
任意波形	波形长度	$8\sim16000$ 点
	幅度分辨率	12 位（包括符号）
	取样速率	40MSa/s
	非易失性存储器	4 个 16k 波形

（2）频率特性（表 2-3）

表 2-3　频率特性

分类	特性指标
正弦波	$100\mu Hz\sim15MHz$
方波	$100\mu Hz\sim15MHz$
三角波	$100\mu Hz\sim100kHz$
斜波	$100\mu Hz\sim100kHz$
噪声（高斯）	10MHz（带宽）
精度	90 天内 10×10^{-6} 级，1 年内 20×10^{-6} 级，$18\sim28℃$

2.面板结构

该信号发生器的前面板结构如图 2-15 所示。

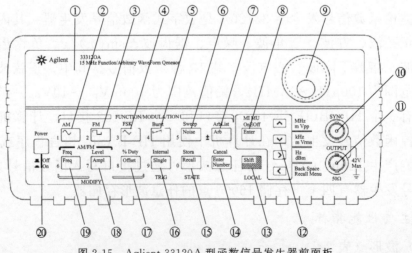

图 2-15　Aglient 33120A 型函数信号发生器前面板

① 显示屏；

② 正弦波（调幅）键；

③ 方波（调频）键；

④ 三角波（键控调制）键；

⑤ 锯齿波（脉冲调制）键；

⑥ 噪声源（扫描）键；

⑦ 任意波（倾斜）键；

⑧ 回车键（菜单操作）键；

⑨ 调节旋钮键；

⑩ 外触发输入端；

⑪ 信号输出端；

⑫ 单位输入键；

⑬ 功能切换键；

⑭ 输入数字（取消上次操作）键；

⑮ 记忆（存储）；

⑯ 单触发（内触发）键；

⑰ 偏置修改（占空比）键；

⑱ 幅度（电平）键；

⑲ 波形频率键；

⑳ 电源开关键。

3. 基本操作

（1）设置幅度

设置幅度有三种方法：第一种方法，按下"电源开关"按钮，屏幕默认显示正弦波幅值 100.0mV_PP（交流），百位数"1"处于跳动状态。这时可以按"单位输入"的"∧""∨"按钮，逐步调整你所需要的正弦波百位数的幅度大小；第二种方法，直接按键盘上的数字键，可以改变处于跳动位的数值；第三种方法，使用"调节旋钮"作快速调整，顺时针增大，反之减小，适用大范围改变数据。百位数据调好后，按"单位输入"的"＜""＞"按钮，只要其他位的数字处于跳动状态，即可对该位数字实施上述调整；同样可以按"＞"使"mV_PP"跳动，配合"∧""∨"按钮或"调节旋钮"，设置正弦波幅值单位大小，但只能在 100mV_PP、1.000V_PP 和 10.00V_PP 三者之间选择。

（2）设置频率

按下"波形频率"按钮，屏幕默认显示正弦波频率为"1.0000000kHz"，个位数"1"处于跳动状态，这时可以对正弦波的频率进行调整，调整方法同幅度调节方法。

（3）选择波形

若要选择波形，只要分别按下"方波""三角波""锯齿波"等按钮即可，并会在屏幕"kHz"右旁有相应的波形标志出现。

【项目实训】

实训一　高频信号发生器的使用

1. LSG-17 高频信号发生器简介

LSG-17 高频信号发生器前面板如图 2-16 所示。

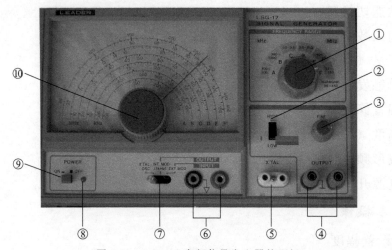

图 2-16　LSG-17 高频信号发生器前面板

① 波段开关：配合波段开关，调节输出频率。

② 射频高/低开关：调整输出电平，在低位挡输出降低为 1/10。

③ 细调：射频输出电压的连续调节。

④ 输出端：用于连接射频输出电缆。

⑤ 晶体振荡器插座：FT-243 型插座插入 1～15MHz 石英晶体。

⑥ 输入/输出：外调制的输入或内部 1kHz 振荡器输出。

⑦ 功能选择开关："外调制"用外路信号源调制；"内调制"用内部 1kHz 信号调制或输出外用测试；"晶体振荡器"输出频率取决于所用晶体。

⑧ 指示灯：指示交流电源接通。

⑨ 电源开关：接通交流电源。

⑩ 频率刻度盘：配合波段开关，调节射频输出频率。

2. LSG-17 高频信号发生器实验

（1）实验目的

① 熟悉高频信号发生器的控制按钮，掌握基本操作方法；

② 利用数字示波器对信号发生器输出波形进行实际测量，观察输出波形。

（2）实验器材

① LSG-17 高频信号发生器 1 台；

② 数字示波器 1 台；

③ 信号发生器 1 台。

（3）实验内容及步骤

① 连接 AC 插头到交流电源。

② 将波段开关左旋至低位。

③ 将细调旋钮置于中间。

④ 电源开关置于"开"。

⑤ 将功能选择开关至内调制模式，用示波器观察输出输入/输出端口，应有 1kHz、1V 的有效值信号，而输出端输出用 1kHz 调制后的调幅波，调制度 30％。

⑥ 将功能选择开关至外调制模式，用信号发生器在输入/输出端口输入一个正弦波信号，要求：频率 50Hz～20kHz，有效值 1V 以下，则输出端就是输出用这个外界信号调制过后的调幅波，用示波器观察输出端。

⑦ 分别调节频率刻度盘、细调旋钮和改变射频高/低开关，用示波器观察输出端信号的变化。

实训二　函数信号发生器的使用

1. TFG1005DDS 函数信号发生器简介

TFG1005DDS 函数信号发生器采用直接数字合成技术（DDS direct digital synthetic），具有快速完成测量工作所需的高性能指标和众多的功能特性。

仪器在符合以下的使用条件时，才能开机使用。

电压：AC220V(1±10%)；

功耗：＜30V·A；

湿度：80%；

频率：50Hz(1±5%)；

温度：0~40℃。

将电源插头插入交流220V带有接地线的电源插座中，按下面板上的电源开关，电源接通，仪器进行初始化，选择"A路单频"功能，进入正常工作状态。

信号发生器前面板如图2-17所示，后面板如图2-18所示。

图2-17　TFG1005DDS函数信号发生器前面板

①—电源开关；②—液晶显示屏；③—键盘；④—调节旋钮；⑤—输出A；⑥—输出B

图2-18　TFG1005DDS函数信号发生器后面板

①—调制/外测输入；②—TTL输出；③—电源

2. TFG1005DDS 函数信号发生器实验

（1）实验目的

① 熟悉信号发生器的控制按钮和菜单功能，掌握基本操作方法。

② 利用数字示波器对信号发生器输出波形进行实际测量，观察输出波形。

（2）实验器材

① 函数信号发生器1台；

② 数字示波器1台。

（3）实验内容及步骤

① 按"A路"键，选择"A路单频"功能，设定A路参数。

a. A路频率设定：设定频率值3.5kHz；按"频率""3"".""5""kHz"，用示波器观察输出波形。

A路频率调节：按"＜"或"＞"键可移动数据上边的三角形光标指示位，左右转动旋钮可使指示位的数字增大或减小，并能连续进位或借位，由此可任意粗调或细调频率。其他选项数据也都可用旋钮调节，不再重述，用示波器观察输出波形。

b. A路周期设定：设定周期值25ms；按"Shift""周期""2""5""ms"，用示波器观察输出波形。

c. A路幅度设定：设定幅度值为3.2V；按"幅度""3"".""2""V"，用示波器观察输出波形。

d. A路幅度格式选择：有效值或峰峰值；按"Shift""有效值"或"Shift""峰峰值"，用示波器观察输出波形。

e. A路常用波形选择：A路选择正弦波、方波、三角波、锯齿波；按"Shift""0"、"Shift""1"、"Shift""2"、"Shift""3"，用示波器观察输出波形。

f. A路其他波形选择：A路选择指数波形；按"Shift""波形""1""2""Hz"，用示波器观察输出波形。

g. A路占空比设定：A路选择方波，占空比65％；按"Shift""占空比""6""5""Hz"，用示波器观察输出波形。

h. A路衰减设定：选择固定衰减0dB（开机或复位后选择自动衰减AUTO）；按"Shift""衰减""0""Hz"，用示波器观察输出波形。

i. A路偏移设定：在衰减选择0dB时，设定直流偏移值为－1V；按"Shift""偏移""－""1""V"，用示波器观察输出波形。

j. A路频率步进：设定A路步进频率为12.5Hz。

② B路参数设定：按"B路"键，选择"B路单频"功能、B路的频率、周期、幅度、峰峰值、有效值、波形，占空比的设定和A路相类同。

项目小结

本项目主要对信号发生器的基础知识做了一个简要介绍。主要的学习内容有：

① 信号发生器的分类、组成及性能指标；

② 低频信号发生器的组成及工作原理；

③ 高频信号发生器的组成及工作原理；

④ 两款信号发生器的基本认识：安捷伦 E4438C 矢量信号发生器、33120A 型信号发生器。

⑤ 信号发生器和示波器的组合操作。

习　题

1. 信号发生器按照输出波形的不同可以分为哪几类？

2. 信号发生器一般由哪几部分组成？简述各部分的作用。

3. 信号发生器的主要技术指标有哪些？

4. 函数信号发生器产生信号的方法通常有哪几种？

信号波形测量及其应用

【教学目标】

① 通过理论教学与实训，掌握示波器的工作原理；

② 掌握示波器的组成结构；

③ 掌握示波器的分类；

④ 看懂示波器的技术指标；

⑤ 会用示波器观测波形，以及测量电压、周期、频率、相位等参数。

【工作任务】

1. 观测波形

用示波器观测内部"标准信号"或信号发生器产生的各类信号波形。

2. 测量直流电压值和交流电压值

用示波器测量 5V 左右的直流电压及正弦交流电压，熟练使用示波器的各个开关及旋钮，并与电压表的测量结果进行比较。

3. 测量交流信号周期、频率

用示波器测量信号发生器输出交流信号的频率，熟练使用示波器的各个开关及旋钮，并与信号发生器指示的频率进行比较。

4. 测量半波整流滤波电路的波形、电压值及纹波因数

半波整流滤波电路如图 3-1 所示，输入交流电压 6V，分别用示波器测量 U_A、U_B（S 断开）、U_C（S 闭合）的波形，测量 U_A、U_B、U_C 的大小及输出电压 u_C。

5. 测量信号的相位差

图 3-2 所示为 RC 移相电路，信号发生器输出频率 $f=1kHz$、峰峰值 $V_{PP}=4V$ 的正弦波，用示波器同时观察信号源

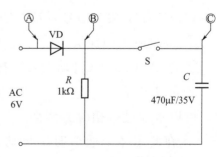

图 3-1　半波整流滤波电路

输出电压与电容两端电压的波形，调节 R 或 C，观察波形的变化。记录 $R=2k\Omega$，$C=0.2\mu F$ 时观察到的波形，并测出它们的相位差。

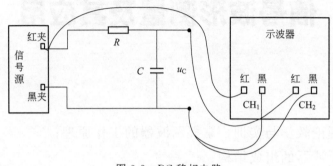

图 3-2 RC 移相电路

【教学案例】

1. 测量单个信号

现在需要看到电路中的信号，但又不知道信号的幅度或频率。可以按照图 3-3 连接示波器，快速显示信号，然后测量其频率和峰峰值的幅度。

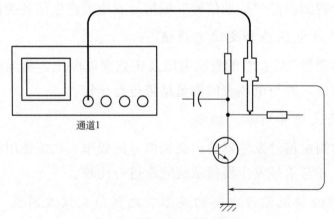

图 3-3 单个信号测量示意图

要快速显示某个信号，请按照以下步骤操作。

① 将通道 1 的探头与信号连接。

② 按 Auto set（自动设置）按钮。

③ 示波器自动设置垂直、水平和触发控制参数。如果需要显示优化波形，可以手动进行相应的调整。

④ 在使用多个通道时，自动设置功能可以设置每个通道的垂直控制，并使用编号最小的活动通道设置水平和触发控制。按 Meas（测量）按钮，

可以查看"选择测量"菜单。

⑤ 如图 3-4 所示,屏幕上显示出单个信号的测量情况,并且随着信号变化而更新。

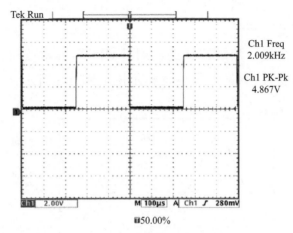

图 3-4 单个信号显示图

2. 测量信号增益

现在对一台设备进行测试,需要测量音频放大器的增益。如有音频发生器,则可将测试信号连接到放大器输入端。将示波器的两个通道分别与放大器的输入和输出端相连,如图 3-5 所示。测量两个信号的电平,然后使用测量结果计算增益。

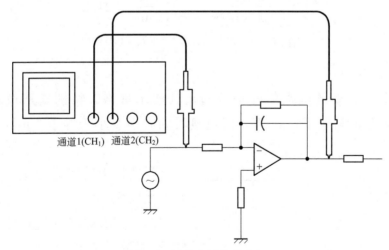

图 3-5 测量信号增益示意

要显示通道 1 和通道 2 所连的信号,请按照以下步骤操作:

① 按通道 1 和通道 2 按钮,激活两个通道;

② 按 Auto set（自动设置）按钮。

要选择两个通道进行测量，请按照以下步骤操作：

① 按 Meas（测量）按钮，查看"选择测量"菜单；

② 按通道 1 按钮，然后按"选择测量 CH_1"屏幕按钮；

③ 选择"幅度"测量；

④ 按通道 2 按钮，然后按"选择测量 CH_2"屏幕按钮；

⑤ 选择"幅度"，测量信号增益显示图如图 3-6 所示。

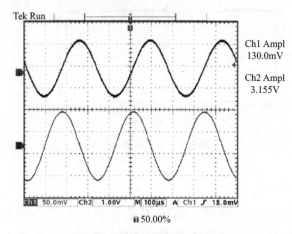

图 3-6　测量信号增益显示图

使用以下公式计算放大器增益：

$$增益 = \frac{输出振幅}{输入振幅} = \frac{3.155\,V}{130.0\,mV} = 24.27$$

$$增益 = 20 \times \lg 24.27 = 27.7(dB)$$

3. 自定义测量

验证数字设备的输入信号是否满足其技术规格，特别是从逻辑低电平（0.8V）到逻辑高电平（2.0V）的过渡时间必须要小于等于 10ns，如图 3-7 所示。

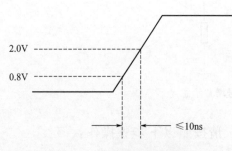

图 3-7　信号上升时间示意

要选择上升时间测量，请按照以下步骤操作：

① 按 Meas（测量）按钮，查看"选择测量"菜单；

② 按通道 1 按钮，然后按"选择测量 CH_1"屏幕按钮；

③ 选择"上升时间"测量。

上升时间通常在信号的 $10\%\sim90\%$ 幅度电平之间进行测量。这是示波器用于测量上升时间的默认参考电平，但在本示例中，需要测量信号通过 0.8V 和 2.0V 电平所需的时间。

可以自定义上升时间测量，用于测量在任意两个参考电平之间的信号过渡时间。可以将这些参考电平的每一个都设为信号幅度的特定百分比或垂直单位（如伏特或安培）的特定等级。

设置参考电平：要将参考电平设为特定电压，请按照以下步骤操作：

① 按"参考电平"屏幕按钮；

② 按"设置电平"屏幕按钮，选择"单位"；

③ 按"高参考"屏幕按钮；

④ 使用通用旋钮选择 2.0V；

⑤ 按"低参考"屏幕按钮；

⑥ 使用通用旋钮选择 800mV。

测量结果确认过渡时间（3.842ns）应满足技术规格（≤10ns），示波器上升时间显示图如图 3-8 所示。

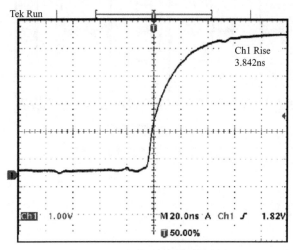

图 3-8　示波器上升时间显示图

4.测量特定事件

用户可以查看输入数字信号中的脉冲，但脉冲宽度差别很大，所以很难建立稳定触发。要想快速查看数字信号，可按 Single Seq（单次序列）按钮捕获一个单次采集。

测量每个显示脉冲的宽度，可以使用测量选通来选择要测量的特定脉冲。例如要测量第二个脉冲，请按照以下步骤操作：

① 按 Meas（测量）按钮；

② 按通道 1 按钮，然后按"选择测量 CH_1"屏幕按钮；

③ 选择"正脉冲宽度"测量；

④ 按"选通"屏幕按钮；

⑤ 选择"垂直条光标之间"，即可使用光标选取测量选通；

a. 将一个光标置于第二个脉冲的左边，另一个置于其右边；

b. 示波器显示第二个脉冲的宽度测量（160ns）。

图 3-9 所示为显示脉冲宽度的测量图。

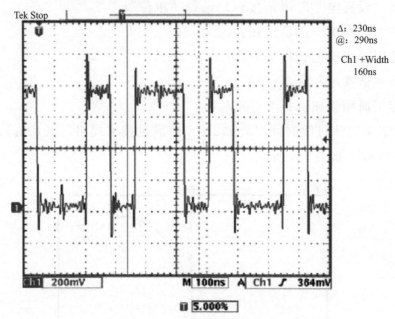

图 3-9　显示脉冲宽度的测量图

【相关理论知识】

一、示波管显示原理

阴极射线管（CRT）简称示波管，是示波器的核心。它将电信号转换为光信号，由电子枪、偏转系统和荧光屏三部分组成，密封在一个真空玻璃壳内。

电子枪产生了一个聚集很细的电子束，并把它加速到很高的速度。这个电子束以足够的能量撞击荧光屏上的一个小点，并使该点发光。电子束一离开电子枪，就在两副静电偏转板间通过。偏转板上的电压使电子束偏转，一副偏转板的电压使电子束上下运动；另一副偏转板的电压使电子左右运动，而这些运动都是彼此无关的。因此，在水平输入端和垂直输入端加上适当的电压，就可以把电子束定位到荧光屏的任何地方。

1.电子枪及聚焦

电子枪的基本组成如图 3-10 所示，由灯丝（F）、阴极（K）、栅极（G）、第一阳极（A_1）和第二阳极（A_2）组成。它的作用是发射电子并形成很细的高速电子束，去轰击荧光屏使之发光。灯丝通电加热阴极，其表面涂有氧化物，受热发射电子。栅极是一个顶部有小孔的金属圆筒，套在阴极外面。由于栅极电位比阴极低，对阴极发射的电子起控制作用，它控制射向荧光屏的电子流密度，从而改变荧光屏亮点的辉度。调节电位器 RP_1 改变栅、阴极之间的电位差，即可达到此目的，故 RP_1 在面板上的旋钮标以"辉度"。

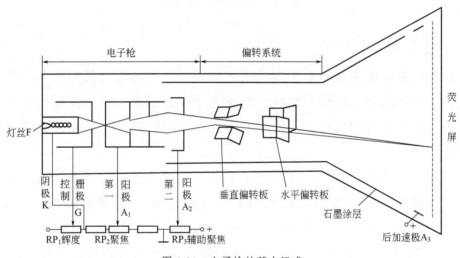

图 3-10　电子枪的基本组成

除灯丝之外，各电极的结构均为金属圆筒形，且所有电极的轴心都保持在同一条轴线上。第一阳极 A_1 和第二阳极 A_2 对电子束有加速作用，同时和控制栅极 G 构成一个对电子束的控制系统，起聚焦作用。调节电位器 RP_2 可改变第一阳极的电位，调节电位器 RP_3 可以改变第二阳极的电位，使电子束恰好在荧光屏上汇聚成细小的亮点，以保证显示波形的清晰度。因此 RP_2 和 RP_3 分别称为"聚焦"和"辅助聚焦"电位器，仪器面板上对应的旋钮分别是"聚焦"和"辅助聚焦"旋钮。

使用中要注意的是：在调节"辉度"旋钮时会影响聚焦效果。因此，示波管的"辉度"与"聚焦"并非相互独立，要配合调节。

2. 偏转系统

偏转系统控制电子射线方向，使荧光屏上的光点随外加信号的变化描绘出被测信号的波形。在图 3-11 中，Y、Y' 和 X、X' 两对互相垂直的偏转板组成偏转系统。Y 轴偏转板在前，X 轴偏转板在后，因此 Y 轴灵敏度高（被测信号经处理后加到 Y 轴）。两对偏转板分别加上电压，使两对偏转板间各自形成电场，分别控制电子束在垂直方向和水平方向偏转。

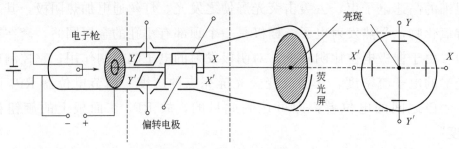

图 3-11　示波管组成示意图

3. 荧光屏

示波管屏面通常是矩形平面，内表面沉积一层磷光材料构成荧光膜。在荧光膜上常又增加一层蒸发铝膜。高速电子穿过铝膜，撞击荧光粉而发光形成亮点。铝膜具有内反射作用，有利于提高亮点的辉度。铝膜还有散热等其他作用。

当电子停止轰击后，亮点不能立即消失而要保留一段时间。亮点辉度下降到原始值的 10% 所经过的时间叫做"余辉时间"。余辉时间短于 $10\mu s$ 为极短余辉，$10\mu s \sim 1ms$ 为短余辉，$1ms \sim 0.1s$ 为中余辉，$0.1 \sim 1s$ 为长余辉，大于 1s 为极长余辉。一般的示波器配备中余辉示波管，高频示波器选用短余辉，低频示波器选用长余辉。

由于所用磷光材料不同，荧光屏上能发出不同颜色的光。一般示波器多采用发绿光的示波管，以保护人的眼睛。

4. 示波管的电源

为使示波管正常工作，对电源供给有一定要求。规定第二阳极与偏转板之间电位相近，偏转板的平均电位为零或接近为零。阴极必须工作在负电位上。栅极 G_1 相对阴极为负电位（$-30 \sim -100V$），而且可调，以实现辉度调节。第一阳极为正电位（约 $+100 \sim +600V$），也应可调，用作聚焦调节。第二阳极与前加速极相连，对阴极为正高压（约 $+1000V$），相对于地电位的可调范围为±50V。由于示波管各电极电流很小，可以用公共高压经电阻分压器供电。

二、通用示波器

1.通用示波器的组成

通用示波器主要由示波管、垂直通道和水平通道三部分组成，如图 3-12 所示。此外，还包括电源电路及校准信号发生器。

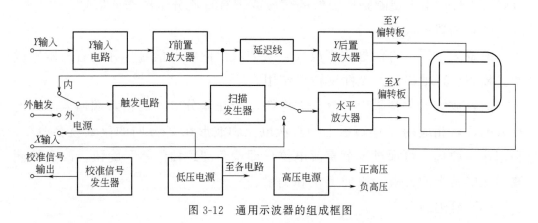

图 3-12　通用示波器的组成框图

2.通用示波器的垂直通道

垂直通道的作用：将输入的被测信号进行衰减或线性放大后，输出符合示波器偏转要求的信号，以推动垂直偏转板，使被测信号在屏幕上显示出来。

垂直通道的构成：输入电路、Y 前置放大器、延迟线和 Y 后置放大器等。

（1）输入电路

输入电路主要是由衰减器和输入选择开关构成的。

输入衰减器的工作原理如图 3-13 所示。衰减器作用是衰减输入信号，进行频率补偿。

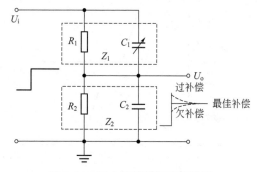

图 3-13　输入衰减器原理示意图

衰减器的衰减量为

$$\frac{U_o}{U_i} = \frac{Z_2}{Z_1 + Z_2} \tag{3-1}$$

当调节 C_1 使得满足 $R_1 C_1 = R_2 C_2$ 时，表达式中的分母相同，则衰减器的分压比为：

$$\frac{U_{\circ}}{U_{i}}=\frac{Z_2}{Z_1+Z_2}=\frac{R_2}{R_1+R_2}=\frac{C_2}{C_1+C_2} \tag{3-2}$$

式(3-1)称为最佳补偿条件。当 $R_1C_1>R_2C_2$ 时，将出现过补偿；当 $R_1C_1<R_2C_2$ 为欠补偿。面板上用"V/cm"标记的开关可改变分压比，从而改变示波器的偏转灵敏度。

输入耦合方式：输入耦合方式设有 AC、GND、DC 三挡选择开关。置"AC"挡时，适于观察交流信号；置"GND"挡时，用于确定零电压；置"DC"挡时，用于观测频率很低的信号或带有直流分量的交流信号。

（2）前置放大器

前置放大器可将信号适当放大，从中取出内触发信号，并具有灵敏度微调、校正、Y 轴移位、极性反转等作用。

前置放大器大都采用差分放大电路，若在差分电路的输入端输入不同的直流电位，相应的 Y 偏转板上的直流电位和波形在 Y 方向的位置就会改变。利用这一原理，可通过调节直流电位，即调节"Y 轴位移"旋钮，改变被测波形在屏幕上的位置，以便定位和测量。

（3）延迟线

延迟线的作用是把加到垂直偏转板上的脉冲信号延迟一段时间，使信号出现的时间滞后于扫描开始时间，保证在屏幕上扫描出包括上升时间在内的脉冲全过程，如图 3-14 所示。

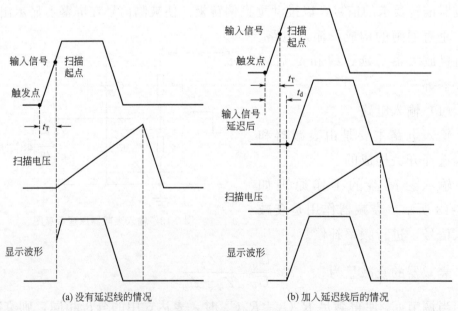

(a) 没有延迟线的情况   (b) 加入延迟线后的情况

图 3-14　延迟线的作用

延迟线只起时间延迟的作用，而对输入信号的频率成分不能丢失，因此，一般说来，延迟线的输入级需采用低输出阻抗电路驱动，而输出级则采用低输入阻抗的缓冲器。

（4）Y输出放大器

Y输出放大器功能是将延迟线传来的被测信号放大到足够的幅度，用以驱动示波管的垂直偏转系统，使电子束获得Y方向的满偏转。Y输出放大器应具有稳定的增益、较高的输入阻抗、足够宽的频带、较小的谐波失真。

Y输出放大器大都采用推挽式放大器，以使加在偏转板上的电压能够对称，有利于提高共模抑制比。电路中采用一定的频率补偿电路和较强的负反馈，以使得在较宽的频率范围内增益稳定。还可采用改变负反馈的方法变换放大器的增益。

3.通用示波器的水平通道

水平通道（X通道）的主要任务是产生随时间线性变化的扫描电压，再放大到足够的幅度，然后输出到水平偏转板，使光点在荧光屏的水平方向达到满偏转。水平通道包括触发电路、扫描电路和水平放大器等部分，如图3-15所示。

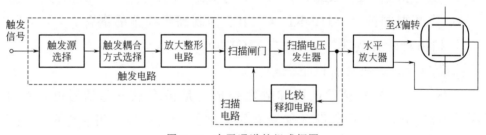

图3-15 水平通道的组成框图

（1）触发电路

触发电路的作用是为扫描信号发生器提供符合要求的触发脉冲。触发电路包括触发源选择、触发耦合方式选择、触发方式选择、触发极性选择、触发电平选择和触发放大整形等电路（图3-16）。

① 触发源选择。触发源一般有内触发、外触发和电源触发三种类型。

内触发（INT）：将Y前置放大器输出（延迟线前的被测信号）作为触发信号，适用于观测被测信号。

外触发（EXT）：用外接的、与被测信号有严格同步关系的信号作为触发源，用于比较两个信号的同步关系，或者当被测信号不适于作触发信号时使用。

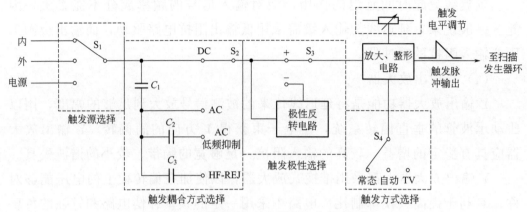

图 3-16　触发源和触发耦合方式选择电路

电源触发（LINE）：用 50Hz 的工频正弦信号作为触发源，适用于观测与 50Hz 交流有同步关系的信号。

② 触发耦合方式。一般设有四种触发耦合方式。

DC 直流耦合：用于接入直流或缓慢变化的触发信号。

AC 交流耦合：用于观察从低频到较高频率的信号。用"内""外"触发均可。

AC 低频抑制（LF REJ）耦合：用于观察含有低频干扰的信号。

AC 高频抑制耦合（HF REJ）：用于抑制高频成分的耦合。

③ 扫描触发方式选择（TRIG MODE）。

扫描触发方式通常有以下三种。

常态（NORM）触发：也称触发扫描，是指有触发源信号并产生了有效的触发脉冲时，扫描电路才能被触发，才能产生扫描锯齿波电压，荧光屏上才有扫描线。

自动（AUTO）触发：指在一段时间内没有触发脉冲时，扫描系统按连续扫描方式工作，此时荧光屏上将显示扫描线。当有触发脉冲信号时，扫描电路能自动返回触发扫描方式。

电视（TV）触发：用于电视触发功能，以便对电视信号（如行、场同步信号）进行监测与电视设备维修。它是在原有放大、整形电路基础上插入电视同步分离电路实现的。

④ 触发极性选择和触发电平调节。触发极性和触发电平决定触发脉冲产生的时刻，并决定扫描的起点，调节它们可便于对波形的观测和比较，其显示的波形如图 3-17 所示。

触发极性是指触发点位于触发源信号的上升沿还是下降沿。触发点处于触发源信号的上升沿为"＋"极性；触发点位于触发源信号的下降沿为"－"极性。触发电平是指触发脉冲到来时所对应的触发放大器输出电压的瞬时值。

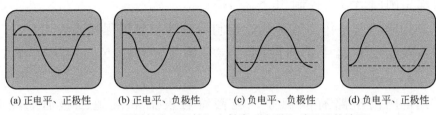

(a) 正电平、正极性　　(b) 正电平、负极性　　(c) 负电平、负极性　　(d) 负电平、正极性

图 3-17 不同触发"极性"和触发"电平"时显示的波形

⑤ 放大整形电路。扫描信号发生器要稳定工作，对触发信号有一定的要求。因此，需对触发信号进行放大、整形。整形电路的基本形式是电压比较器，当输入的触发源信号与通过"触发极性"和"触发电平"选择的信号之差达到某一设定值时，比较电路翻转，输出矩形波，然后经过微分整形，变成触发脉冲。

（2）扫描发生器环

扫描发生器用来产生线性良好的锯齿波，通常用扫描发生器环来产生扫描信号。扫描发生器环又叫时基电路，通常由扫描闸门、扫描锯齿波发生器及比较和释抑电路等组成（图 3-18）。

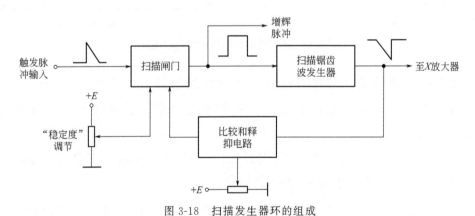

图 3-18 扫描发生器环的组成

扫描闸门电路产生的闸门信号启动扫描发生器工作，使之产生锯齿波电压，同时把闸门信号送到增辉电路。释抑电路起稳定扫描锯齿波的形成、防止干扰和误触发的作用，确保获得稳定的图像。

① 扫描方式选择。示波器既能连续扫描又能触发扫描，扫描方式的选择可通过开关进行。在连续扫描时，没有触发脉冲信号，扫描闸门也不受触

发脉冲的控制，仍会产生门控信号，并启动扫描发生器工作；在触发扫描时，只有在触发脉冲的作用下才产生门控信号。

② 扫描门。扫描门是用来产生闸门信号的，它有以下三个作用：

a.输出闸门信号，控制积分器扫描；

b.利用闸门信号作为增辉脉冲控制示波管，起正程加亮作用；

c.在双踪示波器中，利用闸门信号触发电子开关，使之工作于交替状态。

常用的闸门电路有双稳态、施密特触发器和隧道二极管整形电路。图 3-19 所示为施密特触发器构成的闸门电路。施密特电路把其他的波形变成闸门脉冲。

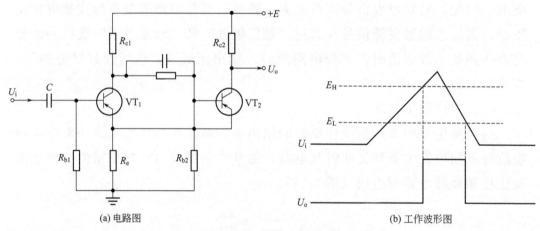

(a) 电路图　　　　　　　　　　　　　(b) 工作波形图

图 3-19　施密特触发器构成的闸门电路

施密特电路的输入端接有来自三个方面的信号：一个称为"稳定度"旋钮的电位器给它提供一个直流电位；从触发电路来的触发脉冲；从释抑电路来的释抑信号。

③ 积分器。通用示波器中应用最广的一种积分电路是密勒（Miller）积分器（图 3-20），可产生线形良好的锯齿波。

设输入电压 U_i 为阶跃电压（从 0 跳变到 $+E$），则反相端电位为 $U_- = 0$，积分器输出为：

$$U_o = -\frac{1}{C}\int_0^\tau \frac{E}{R}\mathrm{d}t = \frac{-E}{RC}t \,,\, t = 0 \sim \tau \tag{3-3}$$

此电路的输入信号是从扫描门来的矩形脉冲，积分器在此矩形脉冲信号的作用下，输出的 U_o 为理想的锯齿波。由于这个电压与时间成正比，就可以用荧光屏上的水平距离代表时间。定义荧光屏上单位长度所代表的时间为

示波器的扫描速度 s，则：

$$s = t/Cx \qquad (3\text{-}4)$$

式中　x——光迹在水平方向偏转的距离；

　　　t——偏转 x 距离所对应的时间。

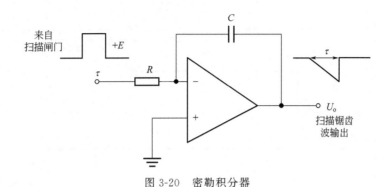

图 3-20　密勒积分器

在示波器中通常改变 R 或 C 值作为"扫描速度"粗调，用改变 E 值作为"扫描速度"微调。改变 R、C、E 均可改变锯齿波的斜率，进而改变水平偏转距离和扫描速度。

④ 比较和释抑电路。利用比较电路的电平比较、识别功能来控制锯齿波的幅度，使电路产生等幅扫描，比较电路也称为扫描长度电路。

释抑电路在扫描逆程开始后，关闭或抑制扫描闸门，使"抑制"期间扫描电路不再受到同极性触发脉冲的触发，以便使扫描电路恢复到扫描的起始电平上。比较和释抑电路与扫描门、积分器构成一个闭合的扫描发生器环。

a. 触发扫描。如图 3-21 所示，E_1、E_2 分别为闸门电路的上、下触发电平，E_0 为闸门电路的静态工作点（来自"稳定度"调节的直流电位）。

如图 3-21 所示，闸门电路在触发脉冲 1 作用下，达到上触发电平 E_1，输出闸门信号控制扫描发生器输出线性斜波，开始扫描正程。当扫描发生器输出 U_o 达到由比较电路设定的比较电平 E_r 时，比较和释抑电路成为一个跟随器，使闸门电路的输入跟随锯齿波发生器输出的斜波电压 U_o。直到到达下触发电平，闸门电路翻转，控制扫描发生器结束扫描正程，回扫期开始。通过调节比较电平 E_r，可以改变扫描结束时间和扫描电压的幅度。

在扫描正程结束后，锯齿波发生器输出进入回扫期，同时比较和释抑电路进入抑制期，释抑电路启动了对输入触发脉冲 5 的抑制作用。抑制期结束后，闸门电路重新处于"释放"状态，允许后续的触发脉冲 6 触发下一次扫描开始。

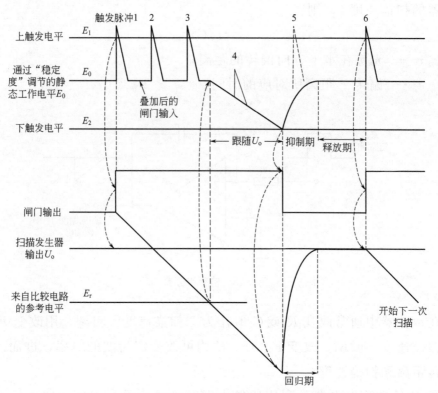

图 3-21　触发扫描方式下比较和释抑电路的工作波形

b.连续扫描。在连续扫描方式下，不论是否有触发脉冲，扫描闸门都将输出闸门信号，使扫描发生器可以连续工作。扫描闸门仍然受比较和释抑电路的控制，以控制扫描正程的结束，从而实现扫描电压和被测电压的同步。

（3）水平放大器

水平放大器的基本作用是选择 X 轴信号，并将其放大到足以使光点在水平方向达到满偏的程度。X 放大器的输入端有"内""外"信号的选择。置于"内"时，X 放大器放大扫描信号；置于"外"时，水平放大器放大由面板上 X 输入端直接输入的信号。改变 X 放大器的增益可以使光迹在水平方向得到扩展，或对扫描速度进行微调，以校准扫描速度。改变 X 放大器有关的直流电位，可以使光迹产生水平位移。

4.通用示波器的其他电路

（1）高、低压电源

低压电源为电路提供所需的直流电压。

高压电源电路多用于示波器的高、中压供电。

（2）Z轴的增辉与调辉

Z轴增辉电路的作用是将闸门信号放大，加到示波管上，使显示的波形正程加亮。调辉电路的作用是将外调制信号或时标信号加到示波管上，使屏幕显示的波形相应地发生变化。

（3）校准信号发生器

校准信号发生器可产生幅度和频率准确的基准方波信号，为仪器本身提供校准信号源，以便随时校准示波器的垂直灵敏度和扫描时间因数。

5.示波器的多波形显示

（1）多线示波

多线示波是利用多枪电子管来实现的。各通道、各波形之间产生的交叉干扰可以减少或消除，可获得较高的测量准确度。但其制造工艺要求高，成本也高，所以应用不是十分普遍。

（2）多踪示波

多踪示波是在单线示波的基础上增加了电子开关而形成的。电子开关按分时复用的原理，分别把多个垂直通道的信号轮流接到 Y 偏转板上，最终实现多个波形的同时显示。多踪示波器实现简单，成本也较低，因而得到了广泛使用。双踪示波器的 Y 通道工作原理如图 3-22 所示。

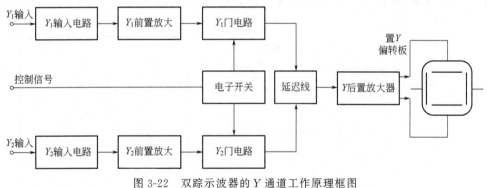

图 3-22　双踪示波器的 Y 通道工作原理框图

双踪示波器的 Y 通道中设置了两套相同的输入和前置放大器，两个通道的信号都经过电子开关控制的门电路，只要电子开关的切换频率满足人眼的滞留要求，就能同时观察到两个被测波形而无闪烁感。根据电子开关工作方式的不同，双踪示波器有以下 5 种显示方式。

① "Y_1" 通道（CH_1）：接入 Y_1 通道，单踪显示 Y_1 的波形。

② "Y_2" 通道（CH_2）：接入 Y_2 通道，单踪显示 Y_2 的波形。

③ 叠加方式（CH_1+CH_2）：两通道同时工作，Y_1、Y_2 通道的信号在

公共通道放大器中进行代数相加后送入垂直偏转板，实现两信号的"和"或"差"的功能。

④ 交替方式（ALT）：第一次扫描时接通 Y_1 通道，第二次扫描时接通 Y_2 通道，交替地显示 Y_1、Y_2 通道输入的信号，如图 3-23 所示。该方式适合于观察高频信号。

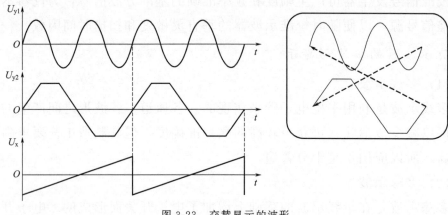

图 3-23 交替显示的波形

⑤ 断续方式（CHOP）：断续方式是在一个扫描周期内，高速地轮流接通两个输入信号，被测波形由许多线段时断时续地显示出来，如图 3-24 所示。该方式适用于被测信号频率较低的情况。

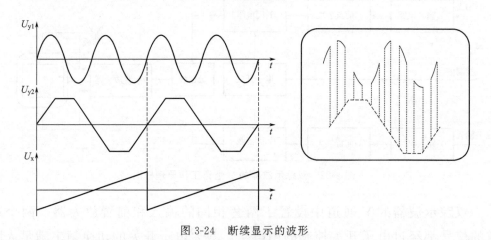

图 3-24 断续显示的波形

（3）双时基扫描显示

双时基扫描示波器有两个独立的触发和扫描电路，如图 3-25 所示，其扫描速度可以相差很多倍。这种示波器特别适用于在观察一个脉冲序列的同时，仔细观察其中一个或部分脉冲的细节。

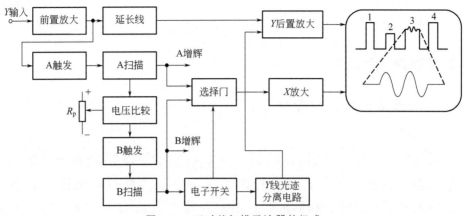

图 3-25 双时基扫描示波器的组成

如图 3-26 所示，输入信号为由 4 个脉冲组成的脉冲串，现欲通过双扫描示波器在同一屏幕上仔细观测其中的第三个脉冲。这时可用 A 扫描（称慢扫描）去完整显示脉冲列，而用 B 扫描（称快扫描）去展开第三个脉冲。

首先脉冲 1 达到触发电平，产生 A 触发，在它的作用下产生 A 扫描，这个扫描电压将脉冲 1～4 显示在荧光屏上。与此同时，A 扫描电压与图 3-25 中电位器 R_p 提供的直流电位在比较器中进行比较，当电平一致时产生 B 触发，开始 B 扫描。B 扫描比 A 扫描延迟的时间可以通过 R_p 来调节，因此，R_p 提供的直流电平称为"延迟触发电平"。

为了能同时观测脉冲列的全貌及其中某一部分的细节，通过电子开关，把两套扫描电路的输出"交替"地接入 X 放大器。电子开关还控制 Y

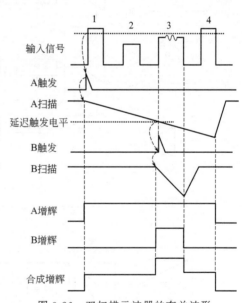

图 3-26 双扫描示波器的有关波形

线光迹分离电路，它实际上是控制 Y 放大器的直流电位，使两种扫描显示的波形上下分开。由于荧光屏的余辉和人眼的残留效应，就使人感到"同时"显示了两种波形。这称为"A 延迟 B"。

把 A、B 扫描门产生的增辉脉冲叠加起来，形成合成增辉信号，用它来给 A 通道增辉，使得在 A 通道所显示的脉冲列中，对应 B 扫描期间的那个脉冲 3 被加亮，这称为"B 加亮 A"。

在有的双扫描示波器的实现中，只有 A 延迟 B 方式，有的只有 B 加亮 A 方式，若两种方式都有的，被称为自动双扫描。

三、数字存储式示波器

1. 示波器结构及工作原理

（1）系统组成

如图 3-27 所示，与模拟示波器一样，数字示波器第一部分（输入）是垂直放大器。在这一阶段，垂直控制系统调整幅度和位置范围。如图 3-28 所示，在水平系统的模数转换器（ADC）部分，信号实时在离散点采样，采样位置的信号电压转换为数字值，这些数字值称为采样点，该处理过程称为信号数字化。

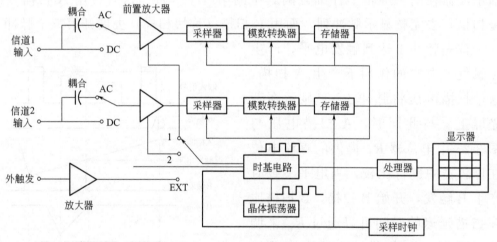

图 3-27　数字示波器的组成框图

图 3-28　信号处理过程

水平系统的采样时钟决定 ADC 采样的频度。该速率称为采样速率，表示为样值/每秒（S/s）。来自 ADC 的采样点存储在捕获存储区内，叫做波形点。几个采样点可以组成一个波形点，波形点共同组成一条波形记录。创建一条波形记录的波形点的数量称为记录长度。触发系统决定记录的起始和终止点。

　　信号通道中包括微处理器，被测信号在显示之前要通过微处理器处理。微处理器处理信号，调整显示运行，管理前面板调节装置。信号通过显存，最后显示到示波器屏幕中。在示波器的能力范围之内，采样点会经过补充处理，显示效果得到增强。可以增加预触发，这样在触发点之前也能观察到结果。

　　（2）数字化采样

　　如图 3-29 所示，样点数每秒（S/s）指数字示波器对信号采样的频率，类似于电影摄影机中的帧的概念。示波器的采样速率越快，所显示的波形的分辨率和清晰度就越高，重要信息和事件丢失的概率就越小。如果需要观测较长时间范围内的慢变信号，则最小采样速率就变得较为重要。为了在显示的波形记录中保持固定的波形数，需要调整水平控制按钮，而所显示的采样速率也将随着水平调节按钮的调节而变化。采样计算方法取决于所测量的波形的类型，以及示波器所采用的信号重构方式。为了准确地再现信号并避免混叠，奈奎斯特定理规定，信号的采样速率必须不小于其最高频率成分的两倍。然而，这个定理的前提是基于无限长时间和连续的信号。由于没有示波器可以提供无限时间的记录长度，而且，从定义上看，低频干扰是不连续的，所以，采用两倍于最高频率成分的采样速率通常是不够的。实际上，信号的准确再现取决于其采样速率和信号采样点间隙所采用的插值法。一些示波器会为操作者提供以下选择：测量正弦信号的正弦插值法，以及测量矩形波，脉冲和其他信号类型的线性插值法。在使用正弦插值法时，为了准确再现信号，示波器的采样速率至少是信号最高频率成分的 2.5 倍。使用线性插值法时，示波器的采样速率应至少是信号最高频率成分的 10 倍。一些采样速率高达 20GS/s，带宽高达 4GHz 的测量系统，可以用 5 倍带宽的速率来捕获高速、单脉冲和瞬态事件。

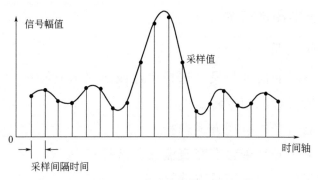

图 3-29　数字化采样原理

2.数字示波器的优缺点

（1）优点

① 体积小，重量轻，便于携带，液晶显示器；

② 可以长期储存波形，并可以对存储的波形进行放大等多种操作和分析；

③ 特别适合测量单次和低频信号，测量低频信号时没有模拟示波器的闪烁现象；

④ 更多的触发方式，除了模拟示波器不具备的预触发，还有逻辑触发、脉冲宽度触发等；

⑤ 可以通过 GPIB、RS-232、USB 接口，同计算机、打印机、绘图仪连接，可以打印、存档、分析文件；

⑥ 有强大的波形处理能力，能自动测量频率、上升时间、脉冲宽度等很多参数。

（2）缺点

① 失真比较大，由于数字示波器是通过对波形采样来显示，采样点数越少失真越大，通常在水平方向有 512 个采样点，受到最大采样速率的限制，在最快扫描速度及其附近采样点更少，因此高速时失真更大。

② 测量复杂信号能力差，由于数字示波器的采样点数有限，以及没有亮度的变化，使得很多波形细节信息无法显示出来，虽然有些可能具有两个或多个亮度层次，但这只是相对意义上的区别，再加上示波器有限的显示分辨率，使它仍然不能重现模拟显示的效果。

③ 可能出现假象和混淆波形，当采样时钟频率低于信号频率时，显示出的波形可能不是实际的频率和幅值。数字示波器的带宽与取样率密切相关，取样率不高时需借助内插计算，容易出现混淆波形。

四、示波器的基本测试技术

1.示波器的选用

① 根据要显示的信号数量，选择单踪或双踪示波器；

② 根据被测信号的频率特点选择；

③ 根据被测信号的重现方式选择；

④ 根据被测信号是否含有交直流成分选择；

⑤ 根据被测信号的测试重点选择。

2.示波器的正确使用

使用注意事项如下：

① 使用前必须检查电网电压是否与示波器要求的电源电压一致；

② 通电后需预热几分钟再调整各旋钮，各旋钮应先大致位于中间位置，以便找到被测信号波形；

③ 注意示波器的亮度不宜开得过高，且亮点不宜长期停留在固定位置，特别是暂时不观测波形时，更应该将辉度调暗，否则将缩短示波管的使用寿命；

④ 输入信号电压的幅度应控制在示波器的最大允许输入电压范围内。

3.通用示波器的主要技术性能（举例）

某双踪示波器是 20MHz 带宽的通用示波器，其主要技术性能如下。

（1）Y 轴通道

① 偏转灵敏度：5mV/div～5V/div(1div＝1 刻度)，按 1-2-5 顺序分为 9 挡，误差为 ±5%；扩展×5 时误差为 ±10%。

② 频带宽度：DC 耦合为 0～20MHz，AC 耦合为 10Hz～20MHz。

③ 输入阻抗：直接输入时，$(1\pm2\%)M\Omega//30pF\pm5pF$；经过 10:1 探极输入时，$(10\pm5\%)M\Omega//16.2pF\pm2pF$。

④ 最大输入电压：$400V_{pk}$，即输入电压的峰值不能超过 400V。

⑤ 工作方式：CH_1（通道 1）、CH_2（通道 2）、ALT（交替）、CHOP（断续）、ADD（叠加）。

⑥ Y 通道延迟时间：Y 通道延迟时间在 100ns 以上。

（2）X 轴通道

① 时基因数：$0.1\mu s/div～0.2s/div$，按 1-2-5 顺序分为 20 挡，误差为 ±5%；扩展×5 时误差为 ±8%，最小时基因数为 20ns/div。

② 工作方式：直线扫描方式［包括 AUTO（自动）、NORM（触发）、SGL（单次）、X-Y 方式］。

③ 触发方式：CH_1、CH_2、LINE（电源）、EXT（外）。

④ 耦合方式：AC、DC、TV（电视同步信号）、NORM。

⑤ 外触发最大输入电压 $400V_{pk}$（DC＋AC峰值，直流与交流峰值之和）。

（3）主机

① 显示尺寸：8div×10div（1div 对应于 1cm）；

② 后加速阳极电压：2kV；

③ 显示颜色：绿色；

④ Z调制（亮度调制）：频率范围：DC～1MHz；最大输入电压：$50V_{pk}$；输入电阻：$10k\Omega$；

⑤ X-Y方式频率范围：0～1MHz；

⑥ 校准信号：方波，$(0.5\pm2\%)V_{PP}$，$(1\pm2\%)kHz$。

4.通用示波器的面板示意图

图3-30所示为某型号的20MHz双踪通用示波器面板的实物照片，图中左边为荧光屏，右边为各种操作旋钮或开关，右下方分别接入CH_1、CH_2被测信号和X输入或外触发信号。

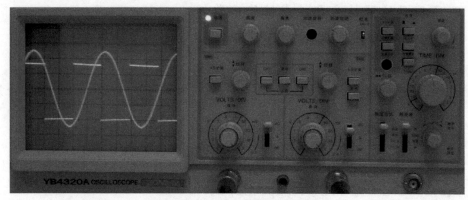

图 3-30　通用示波器面板示意图

CH_1（通道1）：垂直输入端，在X-Y方式时选CH_1作为Y轴输入端。

CH_2（通道2）：垂直输入端。

VOLTS/DIV：为Y通道输入衰减器，顺时针旋至"校准"位置时，垂直偏转灵敏度为面板上的指示值。

垂直方式选择：置CH_1或CH_2时单踪显示；置"叠加"时，显示CH_1+CH_2信号。

输入耦合方式：AC、DC、GND。

触发源选择开关：置CH_1时，选CH_1作为内触发信号；置CH_2时，选CH_2信号触发信号；置"电源"时，选50Hz市电作为触发信号；置"外"时，选EXT TRIG信号作为外触发信号。

触发信号耦合方式：自动、常态、TV H和TV V（电视行/场信号）。

TIME/DIV：为扫描时间选择旋钮。当"微调"旋钮处于"校准"位置时，扫描时间为面板上的指示值。

"触发电平"调节旋钮：用于调节触发电平，当调节到"电平锁定"位置时，触发电平自动保持在最佳值。

X-Y 方式：当按下 "*X-Y*" 开关，垂直方式开关置于 CH_2，触发源开关置于 CH_1 时，为 *X-Y* 工作方式。

其他开关或旋钮见面板图。

5. 探头的正确使用

常见探头为低电容、高电阻探头，它带有金属屏蔽层的塑料外壳，内部装有一个 RC 并联电路，其一端接探针，另一端通过屏蔽电缆接到示波器的输入端。使用这种探头，探头内的 RC 并联电路与示波器的输入阻抗 R_i、C_i 并联电路组成了一个具有高频补偿的 RC 分压器，其电路如图 3-31 所示。当满足 $RC = R_i C_i'$ 时，$C_i' = C_i + C$，分压器的分压比为 $R_i/(R_i + R)$，与频率无关。而探针看进去的输入电容 $C' = C_i + C$，因为 $(C_i + C) \ll C_i$，故称为低电容探头。低电容探头的应用使输入阻抗大大提高，但是，示波器的灵敏度也下降了。

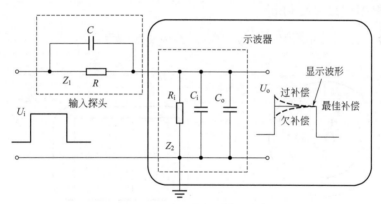

图 3-31　补偿式衰减器电路

探头和示波器是配套使用的，不能互换，否则将会导致分压比误差增加或高频补偿不当。低电容、高电阻探头可进行定期校正，具体方法是：以良好的方波电压通过探头加到示波器，若高频补偿良好，应显示边沿陡峭且规则的方波；若补偿不足或过补偿，可微调电容 C，直至调到出现良好的方波为止。

6. 用示波器测量电压

直流电压的测量原理及测量方法如下。

① 测量原理。示波器测量直流电压的原理，是利用被测电压在屏幕上呈现一条直线，该直线偏离时间基线（零电平线）的高度与被测电压的大小成正比的关系进行的。被测直流电压值 U_{DC} 为：

$$U_{DC} = h \times D_y \times k \tag{3-5}$$

式中，h 为被测直流信号线的电压偏离零电平线的高度；D_y 为示波器的垂直灵敏度；k 为探头衰减系数。

② 测量方法。应将示波器的垂直偏转灵敏度微调旋钮置于校准位置（CAL），将待测信号送至示波器的垂直输入端；确定零电平线，将示波器的输入耦合开关置于"GND"位置；调节垂直位移旋钮，将荧光屏上的扫描基线（零电平线）移到荧光屏的中央位置；确定直流电压的极性，调整垂直灵敏度开关到适当位置，将示波器的输入耦合开关拨向 DC 挡；观察此时水平亮线的偏转方向，若位于前面确定的零电平线上，则被测直流电压为正极性；若向下偏转，则为负极性。读出被测直流电压偏离零电平线的距离 h，根据式(3-5) 计算被测直流电压值。

【**例 3-1**】 示波器测量直流电压如图 3-32 所示，$h = 4\text{cm}$，$D_y = 0.5\text{V/cm}$，若 $k = 10 : 1$，求被测直流电压值。

解：根据式(3-5) 可得：

$$U_{DC} = h \times D_y \times k = 4 \times 0.5 \times 10 = 20(\text{V})$$

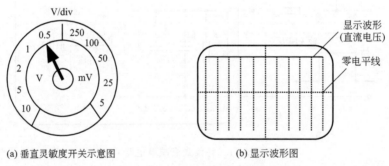

(a) 垂直灵敏度开关示意图 　　　　　　(b) 显示波形图

图 3-32　示波器测量直流电压

7. 交流电压的测量

（1）测量原理

使用示波器测量交流电压的最大优点是可以直接观测到波形的形状，还可显示其频率和相位。但是，只能测量交流电压的峰峰值。被测交流电压值 U_{PP}（峰峰值）为：

$$U_{pp} = h \times D_y \times k_y \tag{3-6}$$

式中，h 为被测交流电压波峰和波谷的高度或任意两点间的高度；D_y 为示波器的垂直灵敏度；k_y 为探头衰减系数。

（2）测量方法

首先应将示波器的垂直偏转灵敏度微调旋钮置于校准位置（CAL），将待测信号送至示波器的垂直输入端，将示波器的输入耦合开关置于"AC"位置。调节扫描速度，使显示的波形稳定；调节垂直灵敏度开关，使荧光屏上显示的波形适当，记录 D_y 值。读出被测交流电压波峰和波谷的高度或任意两点间的高度 h。根据式(3-6)计算被测交流电压的峰峰值。

【例 3-2】 示波器测量交流电压如图 3-33 所示，$h=8\text{cm}$，$D_y=1\text{V/cm}$。若 $k_y=1:1$，求被测正弦信号的峰峰值和有效值。

解： 根据式(3-6)可得正弦信号的峰峰值为：

$$U_{\text{PP}}=h'\times D_y\times k_y=8\times1\times1=8(\text{V})$$

正弦信号的有效值为 $U=\dfrac{U_{\text{P}}}{\sqrt{2}}=\dfrac{U_{\text{PP}}}{2\sqrt{2}}=\dfrac{8}{2\sqrt{2}}=2.3（\text{V}）$

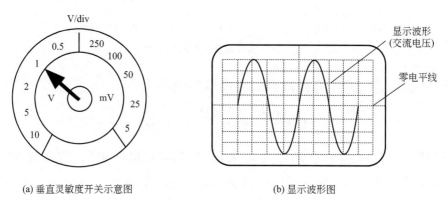

(a) 垂直灵敏度开关示意图　　　　(b) 显示波形图

图 3-33 示波器测量交流电压

8.用示波器测量周期和频率

周期和频率的测量原理及方法如下。

① 测量原理：对于周期性信号，周期和频率互为倒数，只要测出其中一个量，另一个参量可通过公式：$f=1/T$ 求出。

被测交流信号的周期 T 为：$T=xD_x/k_x$ (3-7)

式中，x 为被测交流信号的一个周期在荧光屏水平方向所占距离；D_x 为示波器的扫描速度；k_x 为 X 轴倍率开关。

② 测量方法如下：

a.首先将示波器的扫描速度微调旋钮置于"校准"（CAL）位置；

b.将待测信号送至示波器的垂直输入端；

c.将示波器的输入耦合开关置于"AC"位置；

d. 调节扫描速度开关，使显示的波形稳定，并记录 D_x 值；

e. 读出被测交流信号的一个周期在荧光屏水平方向所占的距离 x；

f. 根据式（3-7）计算被测交流信号的周期。

【例 3-3】 如图 3-34 所示，用示波器测量信号周期的 $x = 7\text{cm}$，扫描速度开关置于"10ms/cm"位置，扫描扩展置于"拉出×10"位置，求被测信号的周期。

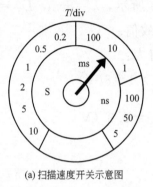

(a) 扫描速度开关示意图

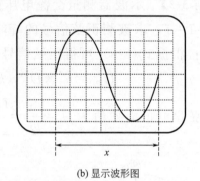

(b) 显示波形图

图 3-34　示波器测量信号的周期

解：根据式（3-7）可得被测交流信号的周期为：

$$T = \frac{xD_x}{k_x} = \frac{7 \times 10}{10} = 7(\text{ms})$$

有时为了提高测量准确度，可采用"多周期测量法"，即测量周期时，取 N 个信号周期，读出 N 个信号周期波形在荧光屏水平方向所占距离 x_N，则被测信号的周期 T 为：

$$T = \frac{x_N D_x}{k_x} \tag{3-8}$$

9. 测量时间间隔

用示波器测量同一信号中任意两点 A 与 B 的时间间隔的测量方法，与周期的测量方法相同。如图 3-35（a）所示，A 与 B 的时间间隔 $T_{A\text{-}B}$ 为：

$$T_{A\text{-}B} = x_{A\text{-}B} D_x \tag{3-9}$$

式中，$x_{A\text{-}B}$ 为 A 与 B 的时间间隔在荧光屏水平方向所占距离。

若 A、B 两点分别为脉冲波前后沿的中点，则所测时间间隔为脉冲宽度，如图 3-35（b）所示。

若采用双踪示波器，可测量两个信号的时间差。将两个被测信号分别输入示波器的两个通道，采用双踪显示方式，调节相关旋钮，使波形稳定且有合适的长度，然后选择合适的起始点，即将波形移到某一刻度上。如

图 3-35（c）所示，将 B 脉冲的起点左移 1 格，最后读出两被测信号起始点时间的水平距离，则两个信号的时间差为：

$$T_{A\text{-}B} = x_{A\text{-}B} D_x$$

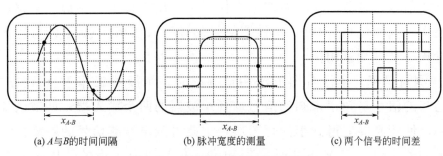

(a) A 与 B 的时间间隔   (b) 脉冲宽度的测量   (c) 两个信号的时间差

图 3-35　示波器测量信号的时间间隔

10. 用示波器测量相位

用示波器测量相位，是指测量两个同频率的正弦信号之间的相位差。

（1）用双踪示波法测量相位

利用示波器线性扫描下的多波形显示是测量相位差最直观、最简便的方法。相位测量的原理是把一个完整的信号周期定为 360°，然后将两个信号在 X 轴上的时间差换成角度值。

测量方法是：将欲测量的两个信号 A 和 B 分别接到示波器的两个输入通道，示波器设置为双踪显示方式，调节有关旋钮，使荧光屏上显示两条大小适中的稳定波形，如图 3-36 所示。先利用荧光屏上的坐标测出信号的一个周期在水平方向上所占的长度 x_T，然后再测量两波形上对应点（如过零点、峰值点等）之间的水平距离 x，则两信号的相位差为：

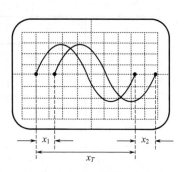

图 3-36　测量两信号的相位差

$$\Delta\varphi = \frac{x}{x_T} \times 360° \qquad (3\text{-}10)$$

式中，x 为两波形上对应点之间的水平距离；x_T 为被测信号的一个周期在水平方向上所占的距离。为减小测量误差，还可取波形前后测量的平均值，如图 3-36 所示，可取 $x = \dfrac{x_1 + x_2}{2}$。

用这种方法测量相位差时应该注意，只能用其中一个波形去触发另一路信号。使用双踪示波法测量相位差的准确度是不高的，尤其是相位差较小时误差更大。

（2）用李沙育图形法测量频率或相位

李沙育图形法测相位是利用示波器 X 和 Y 通道，分别输入被测信号和一个已知信号，调节已知信号的频率使屏幕上出现稳定的图形，根据已知信号的频率（或相位），便可求得被测信号的频率（或相位）。李沙育图形法既可测量频率又可测量相位。

① 测量频率。李沙育图形法测量频率时，示波器工作于 X-Y 方式下，频率已知的信号与频率未知的信号加到示波器的两个输入端，调节已知信号的频率，使荧光屏上得到李沙育图形，由此可测出被测信号的频率。

示波器工作于 X-Y 方式时，X 和 Y 两信号对电子束的使用时间总是相等的，垂直线、水平线与李沙育图形的交点数，分别与 X 和 Y 信号频率成正比。因此，李沙育图形存在以下关系：

$$\frac{f_y}{f_x}=\frac{N_H}{N_V}$$ （3-11）

式中，N_H 和 N_V 分别为水平线、垂直线与李沙育图形的交点数；f_y、f_x 分别为示波器 Y 和 X 信号的频率。图 3-37 所示为常见的几种不同频率、不同相位的李沙育图形。

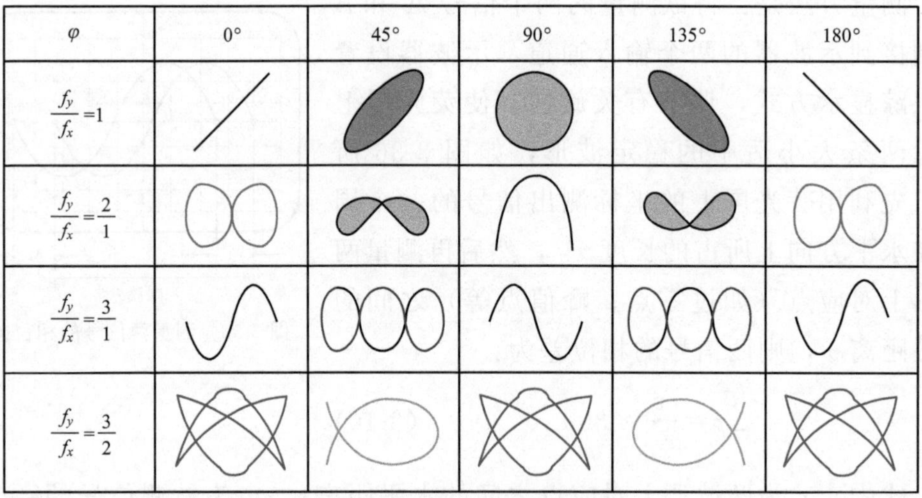

φ	0°	45°	90°	135°	180°
$\frac{f_y}{f_x}=1$					
$\frac{f_y}{f_x}=\frac{2}{1}$					
$\frac{f_y}{f_x}=\frac{3}{1}$					
$\frac{f_y}{f_x}=\frac{3}{2}$					

图 3-37　几种常用的李沙育图形

事实上，垂直线（或水平线）与李沙育图形的切点数 N'_V（或 N'_H），也与 X（或 Y）信号频率成正比，即：

$$\frac{f_y}{f_x}=\frac{N_H}{N_V}=\frac{N'_H}{N'_V}$$ （3-12）

【例 3-4】 在如图 3-38 所示的李沙育图形中，已知 X 信号频率为 $6\mathrm{MHz}$，问：Y 信号的频率是多少？

解： 分别在李沙育图形上画出垂直线和水平线，则 $N_H=2$，$N_V=6$，或 $N_H'=1$，$N_V'=3$。注意，必须在交点数最多的位置画线。由式（3-12）得：

$$f_y=f_x\frac{N_H}{N_V}=6\mathrm{MHz}\times\frac{2}{6}=2\mathrm{MHz}$$

李沙育图形法适合测量频率比在 1：10 至 10：1 之间的信号，否则波形显示复杂，难以确定交点数或切点数，给调整和测量带来困难。

② 测量相位差。把要比较相位差的两个频率、同幅度的正弦信号，分别送入示波器的 Y 通道和 X 通道，使示波器工作在 $X\text{-}Y$ 显示方式，这时示波器的屏幕上会显示出一个椭圆波形，由椭圆上的坐标可求得两信号的相位差为：

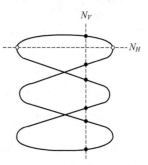

图 3-38 例 3-4 李沙育图形

$$\Delta\varphi=\arcsin\frac{x_0}{x_\mathrm{m}}\text{或}\ \Delta\varphi=\arcsin\frac{y_0}{y_\mathrm{m}} \qquad (3\text{-}13)$$

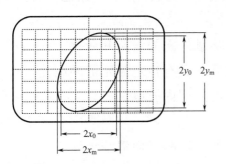

图 3-39 椭圆法测信号的相位差

式中，$\Delta\varphi$ 为两信号的相位差；x_0、y_0 为椭圆与 X 轴、Y 轴截距的一半；x_m、y_m 为荧光屏上光点在 X 轴、Y 轴方向上的最大偏转距离的一半，如图 3-39 所示。

虽然李沙育图形法测量过程比双踪示波法复杂，但其测量结果比双踪示波器要准确。

【相关实践知识】

认识泰克 TDS3014C 型示波器

泰克 TDS3014C 型示波器外形如图 3-40 所示。

1. 安全要求

① 使用合适的电源线。请只使用本产品专用并经所在国家/地区认证的电源线。

图 3-40　泰克 TDS3014C 型示波器外形

② 正确连接并正确断开连接。在探头连接到被测电路之前，请先将探头输出端连接到测量仪器。在连接探头输入端之前，请先将探头基准导线与被测电路连接。将探头与测量仪器断开之前，请先将探头输入端及探头基准导线与被测电路断开。

③ 将产品接地。本产品通过电源线的接地导线接地。为避免电击，必须将接地导线与大地相连。在对本产品的输入端或输出端进行连接之前，请务必将本产品正确接地。

④ 遵守所有终端额定值。为避免火灾或电击，请遵守产品上的所有额定值和标记。在对产品进行连接之前，请首先查阅产品手册，了解有关额定值的详细信息。

⑤ 只能将探头基准导线连接到大地。

⑥ 切勿开盖操作。请勿在外盖或面板打开时运行本产品。

⑦ 怀疑产品出现故障时，请勿进行操作。如果怀疑本产品已损坏，请让合格的维修人员进行检查。

⑧ 远离外露电路。电源接通后，请勿接触外露的线路和元件。

⑨ 正确更换电池。只能更换为指定类型并具有指定额定值的电池。

⑩ 正确为电池充电。只能在建议的充电周期内充电。

⑪ 请勿在潮湿环境下操作。

⑫ 请勿在易燃易爆的环境中操作。请保持产品表面清洁干燥。

⑬ 请适当通风。

"危险"表示可能会立即发生伤害。

"警告"表示有危险，但不会立即发生伤害。

"注意"表示可能会对本产品或其他财产带来的危险。产品上可能出现图 3-41 所示的符号。

图 3-41　示波器产品上的符号

2.操作注意事项

① 使用接地腕带：在安装或拆卸敏感部件时，戴上接地的防静电腕带以释放身体上的静电。

② 使用安全工作区：在安装或拆卸敏感部件时，请勿在工作区内使用任何可能产生或带有静电荷的装置；避免在易产生静电荷的台面或底座表面区域内操作敏感部件。

③ 安全搬运组件：不要在任何表面上滑动敏感部件，不要触摸连接器的外露插针，尽可能减少对敏感部件的搬运。

④ 小心运输和存放：将敏感部件装入防静电的袋子或容器中进行运输和存放。

3.初始设置

快速验证示波器电源开启且正常运行，使用内置的补偿信号补偿无源探头，运行信号路径补偿（SPC）例程以获得最大信号精度，以及设置时间和日期。第一次使用示波器时应执行所有的初始设置程序。第一次将无源探头连到任何输入通道时，应执行探头补偿程序。当环境温度变化10℃或更多时，应运行信号路径补偿例程。

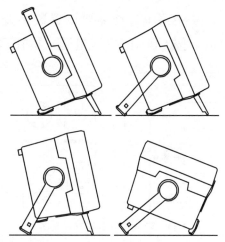

图 3-42　示波器正确的支撑方式

使用手柄和支撑脚将示波器放置在方便的操作位置上，如图 3-42 所示。

示波器部分面板如图 3-43 所示。正确使用菜单系统，请按照以下步骤操作。

（1）按前面板菜单按钮

按某个前面板菜单按钮，显示要使用的菜单。

（2）按底部屏幕按钮

按底部屏幕按钮选择菜单项。如果出现弹出菜单，可以继续按屏幕按钮，可从弹出菜单中选择一项。

（3）按侧面屏幕按钮

按侧面屏幕按钮选择菜单项。如果菜单项包含多个选择，则再次按侧面屏幕按钮进行选择。

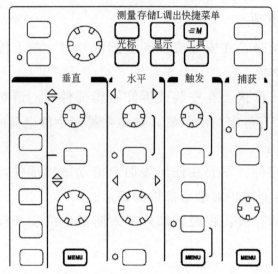

图 3-43　示波器部分面板示意图

（4）设置数字值

某些菜单选项需要设置数字值才能完成设置。可以使用通用旋钮调节参数值，按 COARSE（粗调）按钮可以进行较大的调节，如图 3-44 所示。

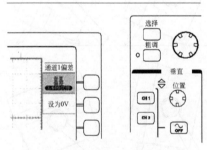

图 3-44　示波器通用旋钮示意图

如图 3-45 所示，菜单按钮可用来执行示波器中的很多功能。

① MEAS（测量）：执行自动波形测量。

② CURSOR（光标）：激活光标。

③ SAVE/RECALL（存储/调出）：将波形保存到内存或 USB 闪存驱动器或从中调出。

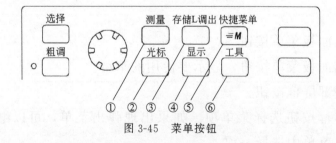

图 3-45　菜单按钮

④ DISPLAY（显示）：更改波形和显示器屏幕的外观。

⑤ 快捷菜单。激活快捷菜单，如内置的"示波器快捷菜单"。

⑥ UTILITY（工具）：如图 3-46 所示。

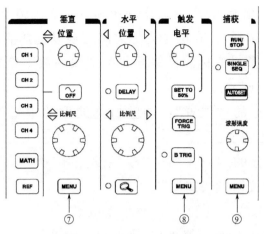

图 3-46　UTILITY（工具）

"垂直"部分的 MENU（菜单），用于调整波形的刻度、位置和偏置，设置输入参数；"触发"部分的 MENU（菜单），用于调整触发函数；"捕获"部分的 MENU（菜单），用于设置采集模式和水平分辨率，并可重置延迟时间。如图 3-47 所示。

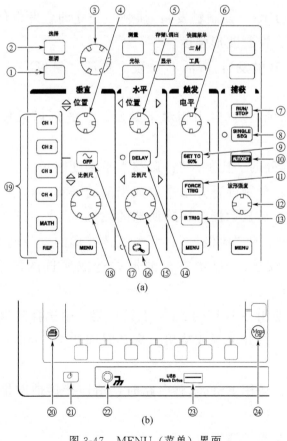

图 3-47　MENU（菜单）界面

① COARSE（粗调）：可使通用旋钮和位置旋钮调节更快。

② SELECT（选择）：在两个光标之间切换以选择活动光标。

③ 通用旋钮：移动光标。设置某些菜单项的数字参数值。按 COARSE（粗调）按钮做快速调节。

④ "垂直"部分的"位置"：调整所选波形的垂直位置。按 COARSE（粗调）按钮做快速调节。

⑤ "水平"部分的"位置"：调整触发点相对于采集波形的位置。按 COARSE（粗调）按钮做快速调节。

⑥ "触发"部分的"电平"：调整触发电平。

⑦ RUN/STOP（运行/停止）：停止和重启采集。

⑧ SINGLE SEQ（单次序列）：设置单次（单次序列）采集的采集、显示和触发参数。

⑨ SET TO 50%（设为 50%）：将触发电平设为波形的中点。

⑩ AUTOSET（自动设置）：自动设置可用显示的垂直、水平和触发控制。

⑪ FORCE TRIG（强制触发）：强制一个立即触发事件。

⑫ 波形强度：控制波形强度。

⑬ B TRIG（B 触发）：激活 B 触发。更改"触发"菜单以设置 B 触发参数。

⑭ DELAY（延迟）：启用相对于触发事件的延迟采集。使用"水平位置"设置延迟量。

⑮ "水平"部分的"比例尺"：调整水平刻度因子。

⑯ 水平缩放：分割屏幕并水平放大当前的采集。

⑰ 波形关闭：从显示器上删除所选的波形。

⑱ "垂直"部分的"比例尺"：调整所选波形的垂直刻度系数。

⑲ MATH（数学）：显示一个波形并选取所选的波形。REF（参考）显示参考波形菜单。

⑳ 硬拷贝：使用在 UTILITY（工具）菜单中选择的端口启动硬拷贝。

㉑ 电源开关：打开电源或待机。启动时间约 $15\sim45\mathrm{s}$，视示波器内部的校准程序而定。

㉒ 腕带接地：使用 ESD 敏感电路时，请连接接地腕带。此连接器并非安全接地。

㉓ USB：闪存驱动器端口。

㉔ MENU Off（菜单关闭）：清除显示中的菜单。

【项目实训】

实训　数字存储式示波器的使用

【实验目的】

① 了解数字式示波器的基本原理和结构；

② 学习数字式示波器的基本使用方法；

③ 掌握使用数字示波器观测信号的方法，并运用其数值计算功能对信号进行分析计算。

【仪器用具】

泰克 TDS3014C 型示波器、安捷伦 E4438C ESG 型矢量信号发生器、移相电路、数字实验箱。

【实验内容】

（一）测量示波器自带方波

1. 自动测量方式

（1）开机，接入测试信号

打开示波器电源开关"Power"，约 15 秒后结束开机画面。将示波器自带的测试信号输出端 probe 接入 1 通道 CH_1，按动自动设置键 Auto set，屏幕中出现黄色方波，该方波的频率约为 1000Hz，峰峰值电压为 5V（该信号用于示波器自校正之用）。按动 CH_2 按键（有时需要按两次），关闭 2 通道输入。此时看到屏幕中信号消失，且屏幕左下角的 2 号通道字符"2"的背景蓝色圈消失。1 通道的开启、关闭同样操作。

说明：CH_1 通道的波形及屏幕左下角的通道号码开断，耦合方式垂直增益图标均为黄色，而 CH_2 通道的均为蓝色。

（2）设置菜单排布

按动 Measure 键，此时在屏幕右侧会出现 5 个参量，一般显示为频率、峰峰值、平均值、周期、均方根值，这些是本实验常用到的 5 个参量。如果不是这几个参量，也可按动需要修改的菜单右侧所对应的功能键，接着按动中间颜色变成灰色的菜单右侧对应的功能键，此时出现对话框，旋转 VAR-IABLE 旋钮，将白色三角对准要选的参量英文单词，再次按动 Measure 键，则需要修改的菜单随即出现在改动之处，代替原来的菜单。数字示波器具有菜单记忆功能，除非人为修改菜单布局，否则即使关机后重开机，也会重复上次用到的菜单布局。

（3）测量

测量方法为：开机→接入测试信号→Auto set→Measure，这种测量方式叫做自动测量方式。

此时显示的就是该状态下波形的参量数据（从这些数据可以看到基本符合频率约为 1000Hz，峰峰值电压约为 2V 的信号的参数），将自动模式下测量的示波器自带方波各参量记录在数据处理表中。

2. 手动光标测量方式

通过数字示波器提供的自动测量模式，可以方便地把未知信号波形显示在屏幕上，多数情况下示波器根据输入信号的幅值和频率，自动设定垂直增益和扫描时间等参数，使得波形主要成分的幅值和周期在适合的状态下出现在屏幕中。但有时待测信号周期不是规律的，幅值不断变化，有时含有多次谐波，此时自动测量模式就有可能无法显示出正常状态，另外使用者有时会关心信号某一段细节，此时就需要采用手动光标测量方式了。

（1）周期、频率的测量

首先通过自动方式把 probe 波形初步显示在屏幕上，按下菜单按键区中的 cursor 键，屏幕中会出现两条黄色水平标线。按下屏幕右侧 $X \leftrightarrow Y$ 所对应的功能键，选取出现两条黄色竖直标线。按 X_1 所对应的功能键，X_1 显示块由蓝色变为浅灰色，表示选定有效，此时表明选定 X_1 为移动目标。旋转 VARIABLE 旋钮，可以左右移动 X_1 实线，将该实线对齐方波的上升沿；同样，按 X_2 所对应的功能键，旋转 VARIABLE 旋钮，将 X_2 实线对齐方波一个周期后的上升沿。至此，水平方向的光标移动完毕，接下来读取 X_1、X_2 显示块下的 Δ 和 f 对应的数据，其中 Δ 显示的是所标定的两条光标之间的时间间隔，f 代表以该时间间隔为一个周期所对应的波形的频率。将 Δ、f 值记录到"数据处理"表中。光标测量频率是否准确，取决于操作者是否准确地将两个标线放在该信号的一个周期上。

（2）峰峰值电压的测量

峰峰值电压的测量方法与周期测量方法类似，只不过标线调节是沿竖直方向调节，具体如下。

按下 cursor 键，按下 $X \leftrightarrow Y$ 所对应的按键，使两条黄色标线水平放置。按 Y_1 所对应的按键，旋转 VARIABLE 旋钮，上下移动 Y_1 标线，使之与方波最高峰值处对齐。同样，按下 Y_2 所对应的按键，旋转 VARIABLE 旋钮，上下移动 Y_2 标线，使之与方波最低值处对齐。此时完成光标调节，直接在菜单 Y_1、Y_2 处读取峰峰值电压，记录数据。注意，以上只是手动测量的 1 通道模式，如果是 2 通道测量，则需要按蓝色 CH_1 按钮，剩余操作方式与 1 通道方式相同，只是屏幕中的波形、标线等均为浅蓝色而已。即黄色为 1 通道显示，浅蓝色为 2 通道显示。

3. 数据处理

（1）自动测量方式（表 3-1）

表 3-1　自动测量数据处理

方式	频率	峰峰值	平均值	周期	均方根值	波形
自动测量						方波

（2）手动光标测量方式（表 3-2）

表 3-2　手动光标测量数据处理

方式	周期（△ 数值）	频率（f 数值）	峰峰值	波形
手动光标测量				方波

（二）未知信号的测量

根据以上介绍的自动测量和手动光标测量方法，分别测量数字实验箱未知信号的方波、正弦波的电参数，在数据处理表中记录数据。

测量时注意：手动光标测量中要求调节出"幅值最大，周期个数最少"的波形进行测量，以减小相对误差。"幅值最大"指的是调节垂直增益和垂直位置旋钮，使得纵向波形幅值最大，但是波形最高和最低点不能超出屏幕；"周期个数最少"指的是调节扫描时间旋钮，使得水平方向的周期个数最少，但是要看到一个完整的周期。

（三）李沙育图形测量

根据李沙育图形原理，将数字信号发生器正弦波（已知信号，频率 f_x）输入 1 通道，未知正弦波信号（待测信号，频率 f_y）输入 2 通道，改变 1 通道信号频率，使得屏幕中出现相对稳定的一个圆，此时两个通道输入的信号频率基本相等。

具体步骤如下。

接好线路后，打开数字信号发生器和简易信号源，按下 Auto set 键，此时画面出现两个正弦波，黄色为 1 通道（信号发生器）的信号，蓝色为 2 通道（未知信号源）的信号。按菜单键 MENU，再按屏幕菜单最下边的 X、Y 所对应的按键，此时进入 X-Y 工作模式。

按 Measure 键，屏幕中的菜单可显示两个正弦波的频率。改变 1 通道输入的频率，即改变数字信号发生器的输出频率（可观察频率菜单中的两个通道的频率，把两个频率调节成相近频率），同时观察屏幕中的图形，直到得到变化速度最慢的圆，此时信号发生器显示的频率约等于待测信号（简易信号源）频率。同时在频率菜单中显示了两个通道信号的频率，再按下 Measure 键。

分别调整出 $\dfrac{f_1}{f_2} = \dfrac{1}{1}$、$\dfrac{1}{2}$、$\dfrac{1}{3}$、$\dfrac{1}{4}$、$\dfrac{2}{3}$ 几种情形的李沙育图，可通过多次按 Run/Stop 键，选取其中 $\varphi = 0$ 的状态画图。数字信号发生器频率的调节：按数字键调出所需要的频率，在"菜单软件"中将显示单位（如 Hz、kHz 等），选择需要的单位即可。用方向键移动左右箭头选择数位，转动频率调节旋钮即可连续改变频率数值。

项目小结

1. 示波器由垂直系统、水平系统和主机三大部分组成。

2. 示波器显示波形的原理：锯齿波电压加到水平偏转板上，使电子束以恒定的速度从左向右沿水平方向偏转，且很快地返回到起始位置。电子束沿水平方向偏转距离同时间成正比，被测电压（是时间的函数）加到垂直偏转板上，每一瞬间电子射线的垂直位置，都将单独对应于这一瞬间被测信号的瞬时值。在锯齿波电压扫描期间，电子束绘出被测信号的曲线。当锯齿波的重复周期等于输入信号周期整数倍时，荧光屏上显示出的信号图形是稳定不动的。

3. 示波器的垂直系统由探极、衰减器、倒相放大器、前置放大器、延迟级、输出放大器、通道转换器、内触发放大器等电路组成。

4. 示波器的水平系统由触发电路（包括触发放大器和触发形成器）、扫描环状电路（包括时基闸门、扫描发生器、电压比较器和释抑电路），以及水平放大器等电路组成。

5. 示波器的主机包括示波管及其供电电路、高压电源、低压电源、增辉消隐电路和校准信号电路等。

6.数字示波器具有数据采集、显示、测量和分析、存储功能，比模拟示波器具有更优越的性能和更高的性价比。

7.示波器在电磁测量中可以进行电压、电流、时间、相位、频率等电学量的测量。

习　　题

1.通用示波器应包括哪些单元？各有什么功能？

2.试说明触发电平和触发极性调节的意义。

3.延迟线的作用是什么？延迟线为什么要在内触发信号之后引出？

4.什么是"交替"显示？什么是"断续"显示？对频率有何要求？

5.在通用示波器中调节下列开关、旋钮的作用是什么？应在哪个电路单元中调节？

①辉度；②聚焦和辅助聚焦；③X 轴移位；④触发方式；⑤Y 轴移位；⑥触发电平；⑦触发极性；⑧偏转灵敏度粗调（V/div）；⑨偏转灵敏度细调；⑩扫描速度粗调（T/div）；⑪扫描速度微调；⑫稳定度。

6.有一正弦信号，使用垂直偏转因数为 10mV/div 的示波器进行测量，测量时信号经过 10∶1 的衰减探头加到示波器，测得荧光屏上波形的高度为 7.07div，问：该信号的峰值、有效值各为多少？

7.如何判断探极补偿电容的补偿是否正确？如果不正确应怎样进行调整？

8.根据李沙育图形法测量相位的原理，试用作图法画出相位差为 0°和 180°时的图形，并说明图形为什么是一条直线。

9.示波器的带宽为 120MHz，探头的衰减系数为 10∶1，上升时间为 $t_0=3.5$ns。用该示波器测量一方波发生器输出波形的上升时间 t_x，从示波器荧光屏上测出的上升时间为 $t_0=11$ns。问：方波的实际上升时间为多少？

电压测量及其应用

【教学目标】

① 了解电压测量的特点；

② 掌握交流电压的基本参数；

③ 了解电子电压表的分类；

④ 掌握各类模拟电压表的使用方法及刻度特性；

⑤ 掌握数字电压表的技术指标；

⑥ 了解数字电压表的分类及结构。

【工作任务】

① 了解电压测量的特点、电子电压表的分类、数字电压表的分类及结构、数字万用表的基本组成；

② 熟悉交流电压的基本参数、模拟电压表的使用方法和刻度特性、数字电压表的技术指标；

③ 掌握数字交流毫伏表的使用方法；

④ 掌握数字万用表的使用方法。

【教学案例】

电压表在电子测量实验中使用频繁，用来测量被测电压的电压值，其连接方式如图 4-1 所示。

常用的电压表是数字交流毫伏表，SM1030 是双输入全自动数字交流毫伏表，其前面板如图 4-2 所示，采用单片机控制和液晶显示技术，并结合模拟技术和数字技术，显示清晰直观，使用方便，适用于学校、部队、实验室、工厂、科研

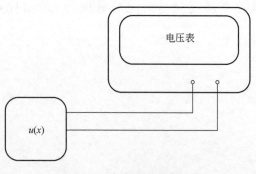

图 4-1　电压表测量连接方式

单位。

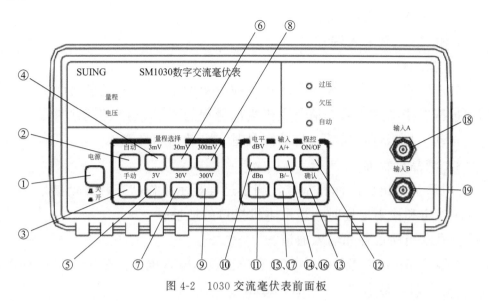

图 4-2　1030 交流毫伏表前面板

1. 前面板介绍

（1）按键和插孔

① 电源：开机后进入初始状态，输入 A，手动改变量程，量程为 300V，显示电压和 dBV 值。

② 自动键：切换到自动测量。在自动位置，输入信号小于当前量程的 1/10，自动减小量程；如果输入信号大于当前量程的 4/3，则将自动增大量程。

③ 手动键：切换到手动测量。根据输入信号，手动选择量程。在测量过程中，根据"欠压"和"过压"指示灯，改变当前量程。

④～⑨ 量程切换键：3mV～300V。

⑩ dBV 键：切换到显示 dBV 值。

⑪ dBm 键：切换到显示 dBm 值。

⑫ ON/OFF 键：进入程控，退出程控。

⑬ 确认键：确认地址。

⑭ ＋键：设定程控地址，起地址加的作用。

⑮ 一键：设定程控地址，起地址减的作用。

⑯ A 键：切换到输入 A，显示屏和指示灯都显示输入 A 的信息。另外，量程选择键对输入 A 起作用。

⑰ B 键：切换到输入 B，显示屏和指示灯都显示输入 B 的信息。另外，

量程选择键对输入 B 起作用。

⑱ 输入 A：A 输入端。

⑲ 输入 B：B 输入端。

（2）指示灯

"欠压"指示灯：输入信号小于当前量程的 1/10，欠压指示灯亮。

"过压"指示灯：输入信号大于当前量程的 4/3，过压指示灯亮。

"自动"指示灯：当进入自动测量时，自动指示灯亮。

（3）液晶显示屏

开机后显示出厂厂标和型号，测量过程显示工作状态和测量结果。

① 设定和检索地址时，显示本机接口的地址。

② 显示当前量程和输入通道。

③ 显示四位有效数字，小数点和单位显示输入电压。分辨力 0.001mV～0.1V。过压时，显示 "**** dBV/dBm"。

2.后面板介绍

1030 交流毫伏表后面板如图 4-3 所示。

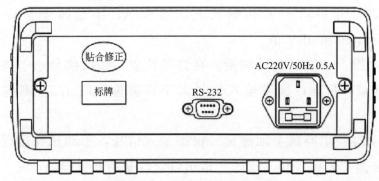

图 4-3　1030 交流毫伏表后面板

220V/50Hz　0.5A 插座：带熔丝盒备用熔丝的电源插座。

RS-232 插座：程控接口。

3.使用方法

① 开机后预热 30min，关机后再开机间隔 10min。

② 手动测量。根据"过压"和"欠压"指示灯的提示手动改变量程。"过压"指示灯亮，表示当前量程偏小，应选择较大量程；若"欠压"指示灯亮，表示当前量程偏大，应选择较小量程。

③ 自动测量。自动测量时"自动"指示灯亮，此时仪器根据被测信号

的小号自动选择合适的量程。若"过压"指示灯亮，显示屏显示"＊＊＊＊ dBV/dBm"，表示被测信号已大于 400V，超出了该仪器的测量范围。若 "欠压"指示灯亮，显示屏显示"0"，说明信号过小，也不在该仪器的测量范围内。

【相关理论知识】

在电子测量中，电压测量是一个重要的内容。电量测量中，许多电参量的测量可以转化为电压测量（表征电信号能量的三个基本参数——电压、电流、功率），如：饱和与截止、线性度、失真度等。非电量测量中，非电量（温度、压力、位移、加速度等）大多可以通过传感器转换成电压信号输出，再进行测量。

一、电压测量的特点

（1）频率范围广

电子电路中电压信号的频率范围从零赫兹到数百兆赫兹不等，可分为直流、低频、视频、高频和超高频等，因此，要求电压表必须有足够宽的频率范围。

（2）测量范围宽

被测电压的大小变化范围很广，小到几纳伏（如心电医学信号、地震波等），大到几百伏，甚至几千伏至几万伏（如电力系统中可高达数百千伏）。

（3）电压波形的多样化

电压表除了可以测量标准的正弦信号，还要求能测量失真的正弦波和非正弦波。

（4）阻抗匹配

在实际测量中，电压表的输入阻抗就是被测电路的额外负载，为了减小电压表给被测电路带来的影响，要求电压表的输入阻抗尽量高，即 R_i 应尽量大，C_i 应尽量小。

（5）测量准确度高

直流电压的测量准确度比较高，例如直流数字电压表一般可达 $10^{-4} \sim 10^{-7}$ 量级；交流电压表的测量精确度可达 $10^{-2} \sim 10^{-4}$ 量级。

（6）抗干扰性能

电压测量在受到外界干扰时很容易被影响，而不同的测量对抗干扰能力的要求不一样。例如，使用高灵敏度电压表时，干扰会引造成明显的误差，这便要求电压表有较强的抗干扰能力。而在工业现场测试中，对抗干扰的要求就不那么高。

二、交流电压的基本参数

1. 峰值

在一个周期内，周期型交流电压偏离零电平的最大瞬时值称为峰值，用 U_P 表示，分为正峰值 U_{P+} 和负峰值 U_{P-}，峰峰值为 U_{PP}。如图 4-4（a）所示。

在一个周期内，周期型交流电压偏离直流分量的最大瞬时值称为幅值或振幅值，用 U_m 表示，如图 4-4（b）所示。当直流分量为 0 时，幅值 U_m 和峰值 U_P 相等。

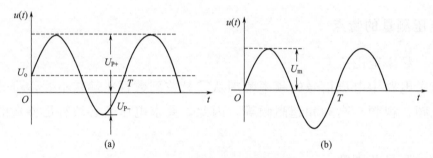

图 4-4　交流电压的峰值和幅值

2. 平均值

交流电压 $u(t)$ 的平均值用 $\overline{U}$ 表示，其数学定义为：

$$\overline{U} = \frac{1}{T} \int_0^T u(t) \mathrm{d}t \tag{4-1}$$

从定义上看，交流电压的平均值 $\overline{U}$ 实际上就是其直流分量 U_0，如图 4-4（a）中的虚线所示。在电子测量中，平均值通常指交流电压在检波（整流）之后的平均值。全波平均值的数学定义为：

$$\overline{U} = \frac{1}{T} \int_0^T |u(t)| \mathrm{d}t \tag{4-2}$$

对于理想的正弦交流电压 $u(t) = U_P \sin(\omega t)$，若 $\omega = \dfrac{2\pi}{T}$，则全波平均值为：

$$\overline{U} = \frac{2}{\pi} U_P = 0.637 U_P \tag{4-3}$$

3.有效值

有效值是交流电压的基本参数中唯一能反映交流信号能量大小的参数。其物理意义是：在一个周期内，若交流电压通过一个纯电阻负载产生的热量，等于一个直流电压在同一负载上产生的热量时，则该直流电压就是交流电压的有效值。

$$U = \sqrt{\frac{1}{T}\int_0^T u^2(t)\,\mathrm{d}t} \tag{4-4}$$

式(4-4)是数学上的均方根定义，所以有效值也可称为均方根值，写作 U_{rms}。很多电子仪器是用 U_{rms} 表示有效值的。

对于理想的正弦交流电压 $u(t) = U_{\mathrm{P}}\sin(\omega t)$，若 $\omega = \dfrac{2\pi}{T}$，则有效值为：

$$U = \frac{1}{\sqrt{2}}U_{\mathrm{P}} = 0.707U_{\mathrm{P}} \tag{4-5}$$

4.波形因数和波峰因数

波形因数和波峰因数用来表示交流电压的峰值、平均值和有效值之间的关系。

(1) 波形因数：定义为交流电压的有效值和平均值之比。

$$K_{\mathrm{F}} = \frac{U}{\overline{U}} \tag{4-6}$$

根据式(4-3) 和式(4-5) 可知，正弦交流电压的波形因数为：

$$K_{\mathrm{F}\sim} = \frac{U}{\overline{U}} = \frac{\frac{1}{\sqrt{2}}U_{\mathrm{P}}}{\frac{2}{\pi}U_{\mathrm{P}}} = \frac{\pi}{2\sqrt{2}} = 1.11 \tag{4-7}$$

(2) 波峰因数：定义为交流电压的峰值和有效值之比。

$$K_{\mathrm{P}} = \frac{U_{\mathrm{P}}}{U} \tag{4-8}$$

根据式(4-5) 可知，正弦交流电压的波峰因数为：

$$K_{\mathrm{P}\sim} = \frac{U_{\mathrm{P}}}{\frac{1}{\sqrt{2}}U_{\mathrm{P}}} = \sqrt{2} = 1.414 \tag{4-9}$$

对于不同的交流电压波形，其 K_{F} 和 K_{P} 的值不一样，如表 4-1 所示。

表 4-1　几种典型交流电压的波形参数

名称	峰值	波形	U	$\overline{U}$	K_F	K_P
正弦波	A		$\dfrac{A}{\sqrt{2}}$	$0.673A$	1.11	$\sqrt{2}=1.414$
全波整流正弦波	A		$\dfrac{A}{\sqrt{2}}$	$0.673A$	1.11	$\sqrt{2}=1.414$
三角波	A		$\dfrac{A}{\sqrt{3}}$	$\dfrac{A}{2}$	1.15	$\sqrt{3}=1.732$
方波	A		A	A	1	1
脉冲	A		$\sqrt{\dfrac{\tau}{T}}A$	$\dfrac{\tau}{T}A$	$\sqrt{\dfrac{T}{\tau}}$	$\sqrt{\dfrac{T}{\tau}}$

三、电子电压表的分类

电子电压表按测量结果的显示方式的不同，可分为模拟式电子电压表和数字式电子电压表。

模拟式电子电压表，一般是用磁电式电流表头作为指示器。由于磁电式电流表只能测量直流电流，测量直流电压时，可直接经放大或经衰减后变成一定量的直流电流驱动直流表头的指针偏转指示其大小；测量交流电压时，将被测交流电压转换成直流电压后，再进行直流电压的测量。在模拟式电子电压表中，大都采用整流的方法将交流信号转换成直流信号，然后通过直流表头指示读数，这种方法称为检波法；另外还有热电偶转换法和公式转换法等。模拟电压表结构简单、测量频率宽。

数字式电子电压表首先利用 A/D 转换原理，将被测的模拟量电压转换成相应的数字量，用数字式直接显示被测电压的量值。数字电压表测量速度快、准确度高、输入阻抗高、抗干扰能力强、分辨力高，还便于与计算机和其他测量设备连接组成自动测试系统。

四、模拟式电子电压表

模拟式电子电压表根据交直流转换方式（检波方式）的不同，分为平均值型、峰值型和有效值型三种。下面分别讨论这三种类型电压表的基本组成、工作原理、刻度特性及其波形误差。

1. 平均值电压表

（1）基本组成

平均值电压表属于放大-检波式电子电压表。被测交流电压先进行放大，然后进行检波。检波器采用平均值检波器，所以称为平均值电压表。平均值型电压表常用来测低频信号电压。其组成框图如图 4-5 所示。

图 4-5　平均值电压表的组成框图

（2）平均值检波器

常用的平均值检波器是桥式检波器，其电路结构如图 4-6 所示。检波电路输出的直流电流 I_O，其平均值与被测电压 $u(t)$ 的平均值成正比（与被测电压的波形无关）。均值电压表的表头偏转正比于被测电压的平均值。

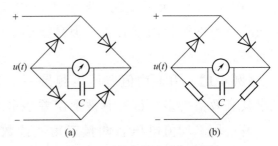

图 4-6　平均值检波器电路结构

为了使指针稳定，在表头两端跨接滤波电容 C，以滤去检波器输出电流中的交流成分，并避免交流成分在电表动圈内阻上的热损耗。

（3）刻度特性

平均值电压表测量的是交变信号的平均值，其读数与被测信号的平均值成正比。但是电压表的表盘刻度是按（纯）正弦波的有效值来定度的。也就是说，当用平均值电压表测量正弦电压时，电压表的读数是正弦电压的有效值，而不是平均值。若用平均值电压表测量非正弦波，电压表的读数没有直接的物理意义，需要通过波形换算，由读数 a 通过计算得到非正弦波的平均值。

由读数 a 换算出均值和有效值的换算步骤如下。

第一步：把读数 a 想象为有效值等于 a 的正弦波输入时的读数，即 $U_\sim = a$。

第二步：计算该正弦波均值

$$\overline{U}_\sim = \frac{U}{K_{F\sim}} = \frac{a}{1.11} \approx 0.9a$$

第三步：假设平均值等于 $\overline{U}_\sim$ 的被测波形（任意波）输入，即 $\overline{U}_{任意} = \overline{U}_\sim = 0.9a$。

注意："对于平均值电压表，（任意波形的）均值相等，则读数相等"。

第四步：由波形因数可计算出任意波形的有效值，即：

$$U_{任意} = \overline{U}_{任意} \times K_F = 0.9aK_F$$

若被测信号是非正弦波，用平均值电压表测量时，误把读数 a 认为是该非正弦波的有效值，则必将产生波形误差，其计算公式为：

$$\gamma = \frac{a - U_x}{a} \times 100\% = \frac{a - 0.9aK_F}{a} \times 100\% = (1 - 0.9K_F) \times 100\%$$

(4-10)

由式(4-10)可以发现，最后波形误差和读数 a 并没有直接关系，而只与被测波形的波形因素有关，但是波形误差是由读数引起的，因此也称为示值误差。

【例 4-1】 用平均值电压表测量一个三角波电压，读得测量值为 10V，试求其有效值为多少伏？其波形误差是多少？

解：用平均值电压表测量三角波读数没有意义，可以通过换算得到平均值：

$$\overline{U}_\Delta = 0.9a = 0.9 \times 10 = 9(V)$$

根据三角波的波形因素 $K_F = 1.15$，可以算出有效值：

$$U_\Delta = \overline{U}_\Delta K_{F_\Delta} = 9 \times 1.15 = 10.35(V)$$

其波形误差为：

$$\gamma = (1 - 0.9K_{F_\Delta}) \times 100\% = (1 - 0.9 \times 1.15) \times 100\% = -3.5\%$$

2. 峰值电压表

（1）基本组成

峰值电压表的工作频率范围宽，输入阻抗较高，有较高的灵敏度，但存在非线性失真。这类电压表由于放大器频率特性的限制，不能采用低频时的"放大-检波"方式，而需采用"检波-放大"式，其检波器常用峰值检波器。其组成框图如 4-7 所示。

图 4-7　峰值电压表的组成框图

（2）峰值检波器

峰值检波器所输出的直流电压与输入的交流电压的峰值成正比，分为串联式峰值检波器和并联式峰值检波器。

① 串联式峰值检波器。串联式峰值检波器的电路结构如图 4-8 所示。其参数选取必须满足峰值检波条件：负载电阻 R 远大于电源电阻 R_S 与检波二极管正向电阻 R_D 之和，则有 $RC \gg (R_S + R_D)C$。这样的电路参数才能使电容 C 充电时间短而放电时间长，从而保证检波器输出电压平均值近似等于输入电压的峰值。其检波原理如图 4-9 所示。

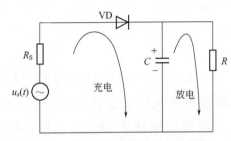

图 4-8　串联式峰值检波器电路结构

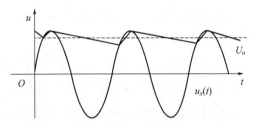

图 4-9　串联式峰值检波器检波原理

输入电压大于电容两端电压时，二极管导通，对电容充电；当输入电压小于电容电压时，二极管截止，电容放电。负载两端电压等于电容电压，而充电速度远远大于放电速度，并且放电时间远大于输入电压周期，因此负载两端电压约等于输入电压峰值。

串联式峰值检波器中的电容 C 起到滤波和检波的作用，无隔离直流分量的作用，所以检波器的实际响应值为交流电压实际波形的峰值。并联式峰值检波器中的电容 C，既为隔直电容又是检波电容，所以检波器的实际响应值为交流电压的振幅 U_m。除少数情况以外，一般采用并联式峰值检波器或双峰值检波器。

② 并联式峰值检波器。并联式峰值检波器的电路结构如图 4-10 所示。当输入电压大于电容电压时，二极管导通，向电容充电，负载电压为 0；当输入电压小于电容电压时，二极管截止，电容放电，负载电压为输入电压与电容电压的差值。电路中的电容 C 具有隔离直流分量的作用，所以不仅可以保护检波二极管不会被击穿，而且能确保其输出只与输入信号的交流分量的振幅 U_m 成正比，不受直流分量影响。

经过峰值检波器的直流电压需要用直流放大器放大。为了提高电压表的灵敏度，普遍采用斩波式直流放大器放大。因为用一般的直流放大器，增益

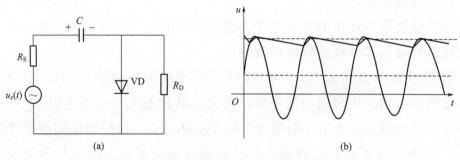

图 4-10　并联式峰值检波器电路结构

不高。斩波式直流放大器先将直流电压变为交流电压，对交流电压进行放大后恢复为直流电压，因此斩波式放大器又称为直-交-直放大器，它具有高增益、零点漂移小等特点。

③ 刻度特性。同平均值电压表一样，峰值电压的表盘刻度是按照（纯）正弦波的有效值来进行刻度的。因此，用峰值电压表测量正弦波时，读数 a 不是正弦波的峰值，而是正弦波的有效值。用峰值电压表测量非正弦波时，读数 a 没有任何意义，需要通过波形转化得到非正弦波的峰值，其转化原理与平均值电压表相似，由于峰值电压表测量不同波形的电压时，读数相同，其峰值相同，所以此处直接给出换算结果为：

$$U_{P_{任意}} = \sqrt{2}\,a \tag{4-11}$$

由式（4-11）可得非正弦波的有效值，即：

$$U_{任意} = \frac{U_{P_{任意}}}{K_P} = \frac{\sqrt{2}\,a}{K_P} \tag{4-12}$$

峰值电压表测量非正弦波时，若读数 a 被误认为是该非正弦波的有效值，仍然会产生波形误差，或称示值误差，即：

$$\gamma = \frac{a - U_x}{a} \times 100\% = \frac{a - \dfrac{\sqrt{2}\,a}{K_P}}{a} \times 100\% = \left(1 - \frac{\sqrt{2}}{K_P}\right) \times 100\% \tag{4-13}$$

【例 4-2】　用峰值电压表测量一个方波电压，读得测量值为 5V，试求：有效值为多少伏？其波形误差是多少？

解：平均值电压表测量方波读数没有意义，通过换算可以得到平均值：

$$U_{P_方} = \sqrt{2}\,a = 1.414 \times 5 = 7.07(V)$$

根据三角波的波形因素 $K_P = 1$ 算出有效值：

$$U_方 = \frac{U_{P_方}}{K_{P_方}} = \frac{7.07}{1} = 7.07(V)$$

其波形误差为：

$$\gamma = \left(1 - \frac{\sqrt{2}}{K_{P_{方}}}\right) \times 100\% = \left(1 - \frac{\sqrt{2}}{1}\right) \times 100\% = -41.4\%$$

3.有效值电压表

平均值电压表和峰值电压表，其读数是按正弦波的有效值来定的，但是实际测的并不是有效值，故称为伪有效值表。而有效值电压表其读数为有效值，实际测量也是波形的有效值，故称为真有效值表。有效值电压其读数确为被测信号的有效值，所以有效值电压表不会产生波形误差。有效值检波器主要分为热电偶式有效值检波器（依据有效值的物理定义）和计算式有效值检波器（依据有效值的数学定义）。

（1）热电偶式有效值检波器

热电偶式有效值电压表电路结构如图 4-11 所示。图中 AB 是加热丝，当接入被测电压 $u_x(t)$ 时，加热丝发热，使热电偶 M 的热端 C 点温度高于冷端 D、E，产生热电势，有直流电流 I 流过微安表，此电流与热电势成正比，热端温度正

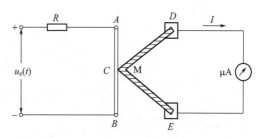

图 4-11　热电偶式有效值检波器电路结构

比于被测电压有效值 U_{xrms} 的平方。所以直流电流正比于 U_{xrms}^2，即 $I \propto U_{xrms}^2$。

利用热电偶实现有效值电压的测量，基本上没有波形误差，而且测量非正弦波电压过程简单。其主要缺点是有热惯性，使用时需要等指针偏转稳定后才能读数。

（2）计算式有效值检波器

交流电压的有效值即其均方根值。根据这一关系式，利用模拟电路对信号进行平方、积分、开平方等公式运算，即可得到被测电压的有效值。

公式均方根运算的有效值电压表原理框图如图 4-12 所示。第一级是模

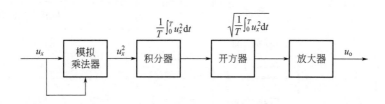

图 4-12　计算式有效值电压表原理框图

拟乘法器，其输出正比于 $u_x^2(t)$，第二级是积分器，第三级将积分器的输出进行开方，最后输出的电压正比于被测电压的有效值，通过仪表显示出结果。

【例 4-3】 用有效值电压表分别测量正弦波、方波、三角波，其读数都为 1V。求正弦波、方波和三角波的有效值、平均值、峰值。

解： 有效值电压表的读数就是所测波形的有效值，因此有：

正弦波：
$$U_{\sim} = 1\text{V}$$

$$\overline{U}_{\sim} = \frac{U_{\sim}}{K_{F_{\sim}}} = \frac{1}{1.11} = 0.9(\text{V})$$

$$U_{P_{\sim}} = \sqrt{2} \times 1 = \sqrt{2}(\text{V})$$

三角波：
$$U_{\triangle} = 1\text{V}$$

$$\overline{U}_{\triangle} = \frac{U_{\triangle}}{K_{F_{\triangle}}} = \frac{1}{1.15} \approx 0.87(\text{V})$$

$$U_{P_{\triangle}} = U_{\triangle} K_{P_{\triangle}} = 1 \times \sqrt{3} = 1.73(\text{V})$$

方波：$U_{方} = 1\text{V}$

由于方波的波形因素和波峰因素均为 1，则：

$$U_{P_{方}} = \overline{U}_{方} = 1\text{V}$$

4. 三种电子电压表的比较（表 4-2）

① 平均值电压表：输入阻抗低，波形误差不大，为低频毫伏表（放大-均值检波式）。

② 峰值电压表：输入阻抗高，波形误差大，为高频毫伏表（峰值检波-放大式）。

③ 有效值电压表：输入阻抗高，无波形误差；受环境温度影响较大，结构复杂。

表 4-2 三种电压表的比较

电压表	组成原理	主要应用场合	实测	读数 U_a	读数 U_a 的物理意义 对正弦波	对非正弦波
平均值表	放大-检波	低频信号 视频信号	均值 $\overline{U}$	$1.11\overline{U}$	有效值	$U = K_F \overline{U}$
峰值表	峰值-放大	高频信号	峰值 U_P	$0.707U_P$	有效值 U	$U = \dfrac{U_P}{K_P}$

续表

电压表	组成原理	主要应用场合	实测	读数 U_a	读数 U_a 的物理意义	
					对正弦波	对非正弦波
有效值表	检波式 热电偶式 计算式	非正弦信号	有效值 U	U	真有效值 U	

五、数字式电子电压表

与模拟式电压表相比，数字电压表（DVM）具有精度高、测速快、抗干扰能力强，以及便于实现电压测量智能化与自动化等优点，应用比较广泛，因此在自动化测量系统的发展中占有重要地位。

1. 数字电压表的主要技术指标

（1）电压测量范围

包括量程、显示位数和超量程能力。

① 量程。数字电压表一般有好几个量程，量程的改变通常由电压表的步进衰减器与输入放大器的适当配合来实现。信号未经衰减器衰减和放大器放大的量程称为基本量程，基本量程的测量误差最小。量程变换有手动变换和自动变换两种，自动变换借助于内部逻辑控制电路来实现。

② 显示位数。DVM测量结果以多位十进制数直接进行显示。数字电压表的显示位数由完整显示位和非完整显示位决定。完整显示位是指能够显示 $0 \sim 9$ 十个数字；非完整显示位（也称为分数位）是指在首位还存在一非完整显示位，其中分子表示该位能显示的最大十进制数。如 3 位 DVM，其最大显示数字为 999。而 $4\frac{1}{2}$ 位 DVM，其最大显示数字为 19999，该 DVM 也称为 4 位半 DVM。

③ 超量程能力。在基本量程挡，数字电压表最大显示值大于其量程，则称该表具有超量程能力。例如某 $3\frac{1}{2}$ 位 DVM 基本量程位为1V，在1V挡位，该表最大显示为 1.999V，大于该量程，则该 DVM 具有超量程能力。若它的基本量程为2V，那么该 DVM 就不具有超量程能力，因为在 2V 挡位，该表的最大显示仍是 1.999V，小于该量程。

有了超量程能力，在有些情况下可以提高测量精度，例如，被测电压为 10.001V，若采用不具有超量程能力的 4 位 DVM 10V 挡测量，读数为

9.999V；用100V挡测量，读数为10.00V，这样就丢掉了0.001V的信息。若改用有超量程能力的四位半DVM 10V挡测量，均可读出10.001V，显然提高了精度。

（2）分辨力

分辨力即灵敏度，是指数字电压表能够反映出的被测电压最小变化值，也就是使显示器末位跳一个字所需的输入电压值。例如某 $4\frac{1}{2}$ 位DVM的最小量程为20mV，其最大输入电压为19.999mV，则其分辨力为0.001mV。不同量程的分辨力不同，最小量程的分辨力最高。通常以最小量程的分辨力作为数字电压表的分辨力。例如，4位DVM在3mV和30V量程上的分辨力分别为0.001mV、0.01V，则DVM的分辨力为0.001mV。

（3）测量速率

测量速率是数字电压表每秒对被测电压的测量次数，或测量一次所需的时间，它主要取决于DVM中所采用的A/D转换器的转换速率。逐次比较型DVM比积分型DVM的测量速率要高，每秒可测一百万次以上。

（4）输入阻抗

DVM的输入阻抗一般是用输入电阻 R_i 并联上输入电容 C_i 来表示。R_i 一般不小于10MΩ，可达1GΩ，一般情况下基本量程的输入电阻最高。

（5）固有误差

DVM的测量误差通常以它的固有误差或工作误差来表示，属于允许误差。由读数误差和满度误差两个部分构成，即：

$$\Delta U = \pm(a\%U_x + b\%U_m) \tag{4-14}$$

式中 U_x——被测电压读数；

$\quad U_m$——该量程的满刻度值；

$\quad a$——误差相对项系数；

$\quad b$——误差固定项系数；

$a\%U_x$——读数误差；

$b\%U_m$——满度误差。

由于满度误差不随计数变化而改变，量程选定后，满度误差就固定了，因此也可用"n个字"来表示，即：

$$\Delta U = \pm(a\%U_x + n\text{个字}) \tag{4-15}$$

式中，"n个字"表示显示结果末位跳变 n 个字所代表的电压值。

【例4-4】 某台DVM的固有误差大小为 $\Delta U = \pm(0.01\%U_x + 0.01\%$

U_m），计算用这台表的 1V 量程分别测量 1V 和 0.1V 电压时所生产的误差。

解：测量 1V 电压时的误差：

$$\Delta U = \pm(0.01\%U_x + 0.01\%U_m)$$
$$= \pm(0.01\%\times1 + 0.01\%\times1) = \pm0.0002(V)$$

$$\gamma = \frac{\Delta U}{U}\times100\% = \frac{\pm0.0002}{1}\times100\% = \pm0.02\%$$

测量 0.5V 电压时的误差：

$$\Delta U = \pm(0.01\%U_x + 0.01\%U_m)$$
$$= \pm(0.01\%\times0.1 + 0.01\%\times1) = \pm0.00011(V)$$

$$\gamma = \frac{\Delta U}{U}\times100\% = \frac{\pm0.00011}{0.1}\times100\% = \pm0.11\%$$

从此例可以看出，选择量程时，被测量越接近满度量程，误差越小。

【例 4-5】 用 $3\frac{1}{2}$ 位的 DVM 测量 1.5V 电压，分别用 2V 挡和 200V 挡测量。这两个量程的固有误差都为 $\Delta U = \pm(0.03\%U_x + 1$ 个字），试问：两种情况下的测量误差各为多少？

解：选用 2V 量程时，其最大显示值为 1.999V，末位跳变 1 个字为 0.001V，则：

$$\Delta U = \pm(0.03\%U_x + 1 \text{ 个字}) = \pm(0.03\times1.5 + 0.001) = \pm0.00145(V)$$

$$\gamma = \frac{\Delta U}{U}\times100\% = \frac{\pm0.00145}{1.5}\times100\% = \pm0.097\%$$

选用 200V 量程时，其最大显示值为 199.9V，末位跳变 1 个字为 0.1V，则：

$$\Delta U = \pm(0.03\%U_x + 1 \text{ 个字}) = \pm(0.03\times1.5 + 0.1) = \pm0.10045(V)$$

$$\gamma = \frac{\Delta U}{U}\times100\% = \frac{\pm0.10045}{1.5}\times100\% = \pm6.7\%$$

（6）抗干扰能力

数字电压表的抗干扰能力较强，通常用串模干扰抑制比和共模干扰抑制比来表示。串模干扰又称为常模干扰或常态干扰，是指以串联方式与被测信号一起作用于仪表输入端的干扰信号。当被测对象与 DVM 相距较远时，由于被测信号源地线与 DVM 地线之间存在电位差而产生共模干扰，该干扰信号对 DVM 的高、低输入端都产生影响，这种干扰可能是直流，也可能是高频交流。干扰抑制比的数值越大，表明数字电压表抗干扰的能力越强。

2. 数字电压表的组成

数字电压表主要是由模拟电路和数字电路两个部分组成，如图 4-13 所示。模拟电路部分包括输入电路和 A/D 转换器。输入电路包括阻抗变换器、放大器和量程转换器等。A/D 转换器完成模拟量到数字量的转换。电压表的技术指标如准确度、分辨率、测量速度等主要取决于这一部分电路。数字电路部分完成逻辑控制、译码（将二进制数字转换成十进制）和显示功能。其中逻辑控制电路在统一时钟作用下，控制整个电路协调有序地工作。

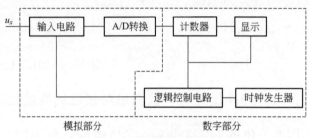

图 4-13　数字电压表的组成框图

数字电压表的核心是 A/D 转换器，根据 A/D 转换器的转换方式不同，可以分为斜坡式、积分式、复合式、逐次比较式等。其中应用比较广泛的是积分式 A/D 变换器以及逐次比较式 A/D 变换器。

（1）积分式 DVM

积分式 DVM 中的 A/D 变换器即双斜式 A/D 变换器，属于 V-T 型积分式 A/D 变换器。它将直流电压与基准电压的比较通过两次积分变换为时间的比较，由此将模拟电压变换为与其输入电压的平均值（即输入直流电压）成正比的时间间隔，再由计数器来测定，计数器所得的计数值即 A/D 变换的结果。双积分式 A/D 变换器具有稳定性好，准确度高，抗干扰能力强等的优点。

（2）比较式 DVM

比较式 DVM 中的 A/D 转换器的基本原理，是用被测电压和可变的已知电压（基准电压）进行比较，直到达到平衡，测出被测电压。比较式 A/D 转换器的转换速度很快，但是容易受到外界干扰，使其分辨力受到影响，抗干扰能力不如积分式 A/D 转换器。

六、数字万用表

数字万用表又称为数字多用表（DMM），它是一种具有多种测量能力的数字测量仪表。它可以测量直流电压、交流电压、交直流电流和电阻、电容等参数，除此之外还具有判断电路的通断情况、二极管的好坏、三极管的引脚等功能。数字万用表具有读数快速、精确，精度和准确度较高，过载保护及抗干扰能力强，功能较全面，携带方便等优点，在日常中使用十分广泛。

数字万用表主要由集成电路、分压器、电流-电压变换器（I/U）、交直流转化器（AC/DC）、电阻-电压变换器（Ω/U）、电容-电压变换器（C/U）、h_{FE}测量电路、LCD显示器、电源电路等组成，如图4-14所示。集成电路的基本组成是直流数字电压表，也包括了A/D转换器、译码器和显示驱动器，输入的电压经过开关选择器转换成直流电压。非电压量通过变换器转换成电压量，再送入A/D转换器。

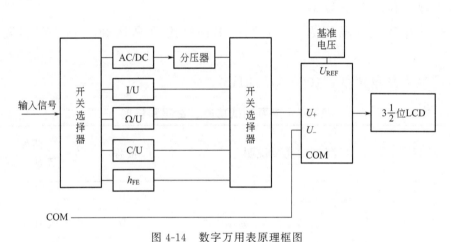

图4-14 数字万用表原理框图

【相关实践知识】

认识安捷伦34461A型台式万用表

安捷伦34461A型台式万用表是全新一代Truevolt数字万用表，采用4.3英寸高分辨率彩色显示屏，可清晰地观察数据。其安捷伦Truevolt技术，支持计量级架构，确保测量分辨力、线性度、精度和速度之间的平衡，具备出色的性价比。而全新的连通性工具，可以通过LAN、USB或GPIB连接数字万用表，可以在PC和移动设备中控制、捕获和查看数字万用表的数据。

该仪表能实现直流电压和交流电压、电流、电阻、二极管、频率、周期、温度、导通等参数的测量。安捷伦 34461A 型台式万用表的实物如图 4-15 所示。

(a) 34461A型万用表前面板

(b) 34461A型万用表后面板

图 4-15 安捷伦 34461A 型台式万用表实物

该万用表的主要功能及技术指标如下。

① 主要测试功能、量程和精度（保证期为 1 年）等见表 4-3。

② 显示位数为 6 位半。

③ 使用环境：温度为 0～55℃；工作高度可高达 3000m；存储温度为 −40～70℃。

④ 最大测量速度：1000/s（1kHz）。

表 4-3 主要测试功能、量程和精度

测量项目	测量功能及说明	量程	精度±（％读数＋％量程）
直流电压	(1)输入阻抗： ① 0.1V、1V、10V 量程：可选 10MΩ 或＞10GΩ ② 100V、1000V 量程：10MΩ ±1％ (2)输入保护：1000V，所有量程	100mV	0.0050＋0.0035
		1V	0.0040＋0.0007
		10V	0.0035＋0.0005
		100V	0.0045＋0.0006
		1000V	0.0040＋0.0010
交流电压（100mV、1V、10V、100V、750V）	(1)最大输入：400VDC，1100V$_{peak}$ (2)输入阻抗：1MΩ±1％，并联，＜100pF (3)输入保护：750V$_{rms}$，所有量程	5～10Hz	0.35＋0.03
		10Hz～20kHz	0.06＋0.03
		20～50kHz	0.12＋0.05
		50～100kHz	0.60＋0.08
		100～300kHz	4.00＋0.50
电阻	电阻测量	10kΩ	0.010＋0.001
		100kΩ	
		1MΩ	

续表

测量项目	测量功能及说明	量程	精度±（%读数＋%量程）
直流电流	测量直流电流	100mA	0.050＋0.005
		1A	0.100＋0.010
		10A	0.120＋0.010
交流电流	内阻压降：1A，＜0.7V；3A，＜2.0V；10A，＜0.5V	1A	0.10＋0.04
		3A	0.23＋0.04
		10A	0.15＋0.04
二极管	导通/二极管测试		0.010＋0.030
温度	PT100 铂金,RTD 传感器	−200～600℃	探头精度＋0.05℃
	5kΩ 热敏电阻	−80～150℃	探头精度＋0.1℃
频率	电压量程：100mV$_{rms}$～750V$_{rms}$ 选通时间：10ms、100ms、1s	10～100Hz	0.030
		100Hz～1kHz	0.010
		1～300kHz	0.010

【项目实训】

实训一 数字交流毫伏表的使用

【实验目的】

① 会使用数字交流毫伏表测量交流电压；

② 能根据测量计算值峰值、有效值、平均值。

③ 会计算绝对误差、相对误差，并分析误差。

【实验器材】

① 数字万用表 1 台；

② 数字交流毫伏表 1 台；

③ 数字示波器 1 台；

④ 信号发生器 1 台。

【实验内容与步骤】

① 用数字交流毫伏表和示波器分别测量信号发生器输出的交流电压，

按图 4-16 连线。

② 将函数信号发生器的频率调为 1kHz 的正弦波，用示波器（作为标准表）将正弦波输出电压的有效值分别调至 500mV、1V、3V，然后使用数字交流毫伏表和万用表测量出相应正弦波的电压，并将测量的数据填入表 4-4。

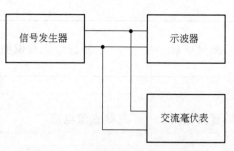

图 4-16 交流电压的测量连线框图

表 4-4 数据记录表（1）

正弦电压		500mV	1V	3V
万用表测量	读数值			
	绝对误差			
	示值相对误差			
交流毫伏表测量	读数			
	有效值			
	峰值			
	平均值			
	绝对误差			
	示值相对误差			

③ 将函数信号发生器的频率调为 1kHz 的三角波，用示波器（作为标准表）将三角波输出电压的有效值分别调至 500mV、1V、3V，然后使用交流毫伏表和万用表分别测量出相应三角波的电压，并将测量的数据填入表 4-5。

表 4-5 数据记录表（2）

三角波电压		500mV	1V	3V
交流毫伏表测量	读数值			
万用表测量	读数值			
	绝对误差			
	示值相对误差			

三角波电压		500mV	1V	3V
示波器测量	峰峰值读数			
	有效值读数			
	绝对误差			
	示值相对误差			

④ 将函数信号发生器的频率调为 1kHz 的方波，用交流毫伏表（作为标准表）将方波输出电压分别调至 500mV、1V、3V，然后使用万用表和示波器分别测量出相应方波的电压，并将测量的数据填入表 4-6。

表 4-6　数据记录表（3）

方波电压		500mV	1V	3V
交流毫伏表测量	读数值			
万用表测量	读数值			
	绝对误差			
	示值相对误差			
示波器测量	峰峰值读数			
	有效值读数			
	绝对误差			
	示值相对误差			

【实验报告】

① 根据实验要求完成实验内容；

② 观察测量结果，分析测量误差，填写表格；

③ 分析实验过程中存在的问题以及处理方法。

实训二　数字万用表的使用

【实验目的】

① 熟悉数字万用表的面板；

② 会使用数字万用表测量交直流电压；

③ 能用数字万用表测试常用电子元器件的参数和性能；

④ 会计算测量的误差。

【实验器材】

① 数字万用表 1 台；

② 电子元器件若干；

③ 信号发生器一台。

【实验内容与步骤】

（1）电子元器件参数的测量

① 电阻测量。采用色标法读数电阻的阻值，认为读数是电阻的实际值；再用万用表的电阻挡位直接测量并记录读数（表 4-7），其读数为测量值，并计算误差。

表 4-7 数据记录表（4）

电阻	标称值	万用表挡位	万用表测量值	误差/％
1				
2				

② 二极管测量。利用万用表的二极管测量挡位判断二极管的好坏、材质及其二极管的引脚。将测量数据记录于表 4-8 中。

表 4-8 数据记录表（5）

二极管	材料	性能	万用表测量结果
1			
2			

③ 三极管测量。首先将数字万用表调到二极管挡，判断三极管的基极和管型；然后用数字万用表的"h_{FE}"挡位判断三极管的发射极和集电极，并填入表 4-9 中。

表 4-9 数据记录表（6）

三极管	型号	材料	β	引脚判断（画图标出引脚电极）

④ 电容的测量。把电容插入电容测量插孔，挡位调到电容测量"F"，直接测量电容值并填写表 4-10。

表 4-10 数据记录表（7）

电容	标称值	万用表电容挡位	万用表测量值	误差/％
1				
2				

（2）测量电压

用信号发生器产生两个正弦信号，其峰峰值如表 4-11 所示，判断其对应的有效值，并填写表 4-11；然后用万用表交流电压挡位进行测量，记录测量值并计算误差。

表 4-11 数据记录表（8）

峰峰值	有效值	万用表电压挡位	万用表测量值	误差/％
300mV				
20V				

【实验报告】

① 根据实验要求完成实验内容。

② 观察测量结果，分析测量误差，填写表格。

③ 分析实验过程中存在的问题以及处理方法。

项目小结

1.电压测量是大多数电量和非电量测量的基础。

2.电压表根据其显示方式的不同，可以分为模拟式电压表和数字式电压表。模拟电压表电路结构简单、价格低、测量范围广，而数字电压表准确性高、抗干扰能力强、测量速度快。

3.交流电压可以用平均值、有效值、峰值来表示。电压的表示形式不同，其数值不同。不同的表示形式可以通过波形因素和波峰因素来进行转化。

4.模拟式电子电压表根据其检波方式的不同，可以分为平均值电压表、峰值电压表和有效值电压表。平均值电压表测量的是交流电压的平均值，峰值电压表测量的是交流电压的峰值，它们的读数都是以纯正弦波的有效值来定的，称为伪有效值电压表；而有效值电压表测量的是交流电压的有效值，读数也是有效值，称为真有效值电压表。

5. 数字电压表的技术指标包括其测量范围、分辨力、固有误差、测量速度、抗干扰能力等。

习　　题

1. 交流电压的表征包括哪些？

2. 简述有效值的物理意义。

3. 用平均值电压表分别测量正弦波、三角波和方波三种电压，其示值都为 1V，问：对每个波形来说，其示值代表什么意义？并求出它们的平均值、有效值和峰值。

4. 用峰值电压表分别测量正弦波、三角波和方波三种电压，其示值都为 2V，问：对每个波形来说，其示值代表什么意义？并求出它们的有效值及其波形误差。

5. 在示波器上，请分别观察峰峰值相等的正弦波、三角波和方波，其中 $U_{PP}=5V$，若分别用平均值电压表、峰值电压表和有效值电压表进行测量，其读数分别为多少？

6. 甲、乙两台 DVM，显示器最大显示值为甲 9999，乙 19999，问：

（1）它们各是几位 DVM？

（2）若乙的最小量程为 200mV，则其分辨力等于多少？

7. 已知一种 $4\frac{1}{2}$ DVM 的固有误差 $\Delta U=(0.05\%U_x+0.01\%U_m)$，用其 2V 量程挡测量 1.2V 电压时所产生的相对误差，它的满度误差相当于几个字？

8. 一台 $3\frac{1}{2}$ 位数字电压表的固有误差为 $\Delta U=(0.01\%U_x+2$ 个字$)$，分别用 2V 挡位和 20V 挡位测量 1.5V 电压，试求两次测量时由于固有误差而产生的绝对误差和相对误差。

项目五

时间与频率的测量及其应用

【教学目标】

通过本章的学习，读者将了解通用计数器的基本组成，掌握电子计数器的测量频率原理，掌握测量周期的基本原理；掌握量化误差、触发误差、标准频率误差的概念及来源，掌握频率测量误差的组成及分析方法，并能用于解决实际问题；掌握周期测量误差的组成及分析方法，并能用于解决实际问题。

【工作任务】

① 掌握测量频率不同的方法；
② 认识通用计数器；
③ 使用通用计数器测量周期（简称测周）和时间。

【教学案例】

示波器可以测量信号频率（简称测频），除了示波器，还有专门测量信号频率的仪器。因为 $f=\dfrac{1}{T}$，所以测量频率的频率计又称为计数器，即测量单位时间内信号的个数。

利用计数器可以测量频率和周期，在后续的学习中还会发现计数器的功能远不止于此。

1.使用多功能计数器测量频率

① 根据所需测量信号频率高低的大致范围，选择"A通道"或"B通道"测量。

② 输入信号频率为 $1Hz\sim100MHz$ 接至 A 输入通道口，"A通道"功能键按一下；输入信号频率大于 $100MHz$ 接至 B 输入通道口，"B通道"功能键按一下。

③ "A通道"测量时，根据输入信号的幅度大小决定衰减按键置 X_1 或

X_{20} 位置；输入幅度大于 3V 时，衰减开关应置 X_{20} 位置。

④ "A 通道"测量时，根据输入信号的频率高低决定，低通滤波器按键置"开"或"关"位置。输入频率低于 100kHz，低通滤波器应置"开"位置。

⑤ 按照表 5-1 进行测量并填入数据。

表 5-1　测量数据记录表（1）

闸门时间 输入信号频率	10ms	100ms	1s	10s
100Hz				
1000Hz				
10kHz				
1MHz				

2. 使用多功能计数器测量周期

① 选择"A 通道"输入信号。

② 按下"周期"按钮。

③ 按照表 5-2 进行测量并填入数据。

表 5-2　测量数据记录表（2）

闸门时间 输入信号周期	10ms	100ms	1s	10s
10ms				
0.2ms				
2μs				
0.5μs				

【相关理论知识】

一、常用测量频率的方法

在电子测量技术中，经常需要对信号频率（或周期、脉宽）进行精确测量，最常用的直接测频方法是计数器测频法和计数器测周法，这两种方法常被用于利用单片机系统内部含有的高精度频率源定时器/计数器对外部信号频率进行测试。随着 EDA（电子设计自动化）技术和微电子技术的进步，对测试精度的要求随之提高，等精度测频法和数字移相法就是两种高精度的测频（或周期、脉宽）方法。

1. 计数器测频法

将被测频率的信号加到计数器的计数输入端，控制单片机计数器在标准时间周期 T_{c1} 内对外部脉冲进行计数，所得的计数值 N_1 与被测信号的频率 f_{x1} 有如下关系：

$$f_{x1} = \frac{N_1}{T_{c1}} = N_1 f_{c1}$$

$$f_{c1} = \frac{1}{T_{c1}}$$

计数器测频法测量原理如图 5-1 所示。

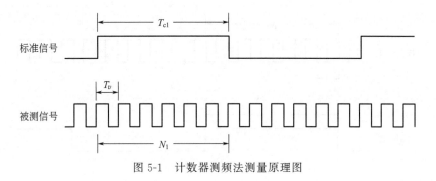

图 5-1 计数器测频法测量原理图

测量开始时，被测频率信号可与标准信号通过外部同步电路同步，但当计数结束时，由于单片机计数器只能进行整数计数，从而在理论上存在频率测量的最后一个计数脉冲的误差，引起 ±1 个计数脉冲单位时间间隔的误差。由误差理论得知，测频法的误差和最大相对误差为：

$$\delta_1 = \pm f_{c1}$$

$$\frac{\Delta f_x}{f_x} = \pm \frac{1}{f_x T_{c1}}$$

在实际测量时，为了提高测量的精度，采取扩大阀门时间 n 倍（即扩大标准信号周期的 n 倍）来提高频率测量精确度，这样，其相对误差为：

$$\frac{\Delta f_x}{f_x} = \pm \frac{1}{n f_x T_{c1}}$$

显然，n 的取值越大，相对误差应越小。根据给定的精度要求可以算出

n 的最低取值。

2. 计数器测周法

图 5-2 所示为测周法原理示意图。假设单片机晶振的频率经过系统分频后产生标准计数脉冲，设周期为 T_{c2}（频率 f_{c2}），T_{c2}（频率 f_{c2}）的标准信号送到计数器的计数输入端，用被测信号周期 T_{x2} 控制计数器的计数时间间隔，所得的计数值 N_2 与被测信号频率 f_{c2} 有如下关系：

$$T_{x2} = N_2 T_{c2}$$

$$f_{x2} = \frac{1}{N_2 T_{c2}} = \frac{f_{c2}}{N_2}$$

由误差理论分析得知，测周法误差和最大相对误差为：

$$\delta_2 = \pm T_{c2}$$

$$\frac{\Delta T_x}{T_x} = \pm \frac{T_{c2}}{T_x} = T_{c2} f_x$$

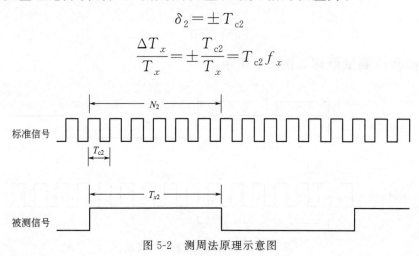

图 5-2　测周法原理示意图

在实际测量中，为了提高测量的精度，采用扩大阀门时间 k 倍（即扩大待测信号周期 T_x 的 k 倍）来提高测量周期精确度。这样它们的相对误差为：

$$\frac{\Delta T_x}{T_x} = \pm \frac{T_{c2}}{T_x} = \pm \frac{f_x}{k f_{c2}}$$

显然，k 值越大，测得的相对误差越小。可以根据给定的精度要求算出 k 的最低取值。

3. 等精度测频法

在测量过程中，有两个计数器分别对标准信号和被测信号同时计数。首先给出闸门开启信号（预置闸门上升沿），此时计数器并不计数，而是等到被测信号的上升沿到来时，计数器才真正开始计数。然后预置闸门关闭信号（下降沿）到时，计数器开不立即停止计数，而是等到被测信号的上升沿到来时结束计数，完成一次测量过程。可以看出，实际闸门时间与预置闸门时间并不严格相等，但差值不超过被测信号的一个周期。等精度测频原理的波形图如图 5-3 所示。

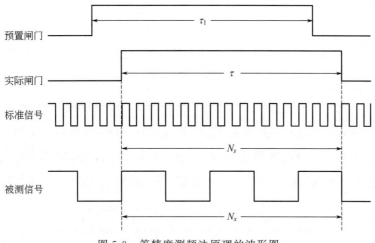

图 5-3　等精度测频法原理的波形图

设在一次实际闸门时间 τ 中，计数器对被测信号的计数值为 N_x，对标准信号的计数值为 N_s，标准信号的频率为 f_s，则被测信号的频率为：

$$f_x = \frac{N_x}{N_s} f_s \tag{5-1}$$

由式(5-1) 可知，若忽略标准频率的误差，则等精度测频可能产生的相对误差为：

$$\delta = (|f_{xe} - f_x| / f_{xe}) \times 100\% \tag{5-2}$$

式中，f_{xe} 为被测信号频率的准确值。

在测量中，由于 f_{xe} 计数的启停时间都是由该信号的上升沿触发的，在闸门时间 τ 内对 f_x 的计数 N_x 无误差（$\tau = N_x T_x$）；对 f_{xe} 的计数 N_x，最多相差一个数的误差，即 $|\Delta N_s| \leqslant 1$，其测量频率为：

$$f_{xe} = [N_x / (N_s + \Delta N_s)] / f_s \tag{5-3}$$

将式(5-1) 和式(5-3) 代入式(5-2)，并整理得：

$$\delta = |\Delta N_s| / N_s \leqslant 1 / N_s = 1 / (\tau f_s) \tag{5-4}$$

由式(5-4) 可以看出，测量频率的相对误差与被测信号频率的大小无关，仅与闸门时间和标准信号频率有关，即实现了整个测试频段的等精度测量。闸门时间越长，标准频率越高，测频的相对误差就越小。标准频率可由稳定度好、精度高的高频率晶体振荡器产生，在保证测量精度不变的前提下，提高标准信号频率，可使闸门时间缩短，即可以提高测试速度。

表 5-3 所列为标准频率在 10MHz 时闸门时间与最大允许误差的对应关系。

表 5-3　闸门时间与最大允许误差（精度）

闸门时间/s	精度
0.01	10^{-5}
0.1	10^{-6}
1	10^{-7}

等精度测频的实现方法可简化为图 5-4 所示的原理图。CNT_1 和 CNT_2 是两个可控计数器，标准频率（f_s）信号从 CNT_1 的时钟输入端（CLK）输入；经整形后的被测信号（f_x）从 CNT_2 的时钟输入端（CLK）输入。

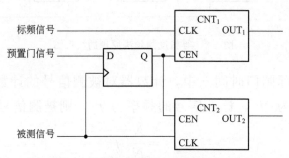

图 5-4　等精度测频的实现方法原理图

每个计数器中的 CEN 输入端为时钟使能端控制时钟输入。当预置门信号为高电平（预置时间开始）时，被测信号的上升沿通过 D 触发器的输出端，同时启动两个计数器计数；同样，当预置门信号为低电平（预置时间结束）时，被测信号的上升沿通过 D 触发器的输出端，同时关闭计数器的计数。

二、电子计数器的功能

1. 电子计数器的组成

通用计数器的组成如图 5-5 所示。

① A、B 输入通道：主要由放大/衰减、滤波、整形、触发（包括触发电平调节）等单元电路构成。其作用是对输入信号处理以产生符合计数要求（波形、幅度）的脉冲信号。通过预定标器（外插件）还可扩展频率测量范围。

② 斯密特触发电路：利用了斯密特触发器的回差特性，对输入信号具

有较好的抗干扰作用。

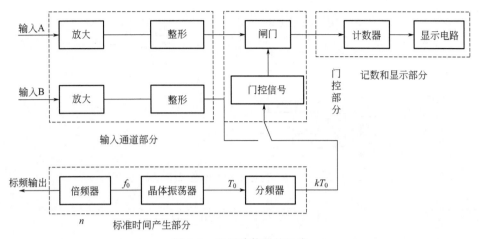

图 5-5　通用计数器的组成

③ 主门电路主门：也称为闸门，通过"门控信号"控制进入计数器的脉冲，使计数器只对预定的"闸门时间"之内的脉冲计数。它由"与门"或"或门"构成。其原理如图 5-6 和图 5-7 所示。

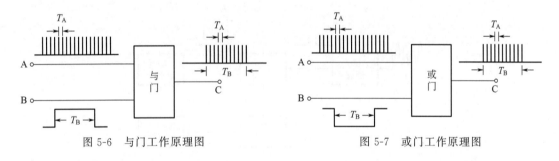

图 5-6　与门工作原理图　　　　　　　图 5-7　或门工作原理图

④ 计数与显示电路功能：计数电路对通过主门的脉冲进行计数（计数值代表了被测频率或时间），并通过数码显示器将测量结果直观地显示出来。为了便于观察和读数，通常使用十进制计数电路。计数电路的重要指标是最高计数频率。计数电路一般由多级双稳态电路构成，受内部状态翻转的时间限制，使计数电路存在最高计数频率的限制，而且对于多位计数器，最高计数频率主要由个位计数器决定。

⑤ 时基产生电路功能：产生测频时的"门控信号"（多挡闸门时间可选），以及时间测量时的"时标"信号（多挡可选）。由内部晶体振荡器（也可外接），通过倍频或分频得到，再通过门控双稳态触发器得到"门控信号"，如图 5-8 所示。

控制电路产生各种控制信号，控制、协调各电路单元的工作，使整机按

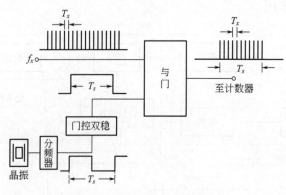

图 5-8　门控信号工作原理图

"复零-测量-显示"的工作程序完成自动测量的任务。

2. 电子计数器的功能

（1）频率测量

测量频率时，电子计数器的电路连接如图 5-9 所示。这是一个简化的测频电路。

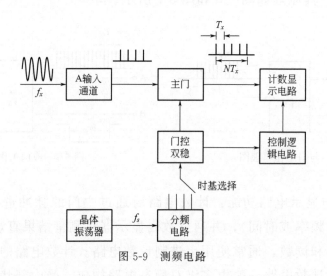

图 5-9　测频电路

被测信号加于 A 通道，经电路放大、整形后，形成重复频率等于被测信号频率 f_x 的计数脉冲。把它加至主门的一个输入端。门控双稳电路受晶振分频而来的闸门时间信号控制，门控双稳的输出接至主门的另一个输入端。这时主门的开通时间由闸门时间选择电路送来的信号决定。在主门开通时间 T 内，对计数脉冲计数，设计数值为 N，则有 $N = T/T_x$，即 $f_x = N/T = N/k_f T_s$，其中 T 为门控时间，门控信号是晶振 f_s 分频而来的，非常准确；k_f 为分频器分频系数；f_s、T_s 为晶振的频率和周期。对于同一被测信号，如果选择不同的门控时间，即选择不同的分频系数 k_f，计数值 N 是不同的。为便于读数，实际仪器中的分频系数 k_f 都采用 10 进制分频的办法。当分频系数 k_f 减小后，所得的计数值 N 也减小，显示器上则将小数点所在位置自动移位。例如 $f_x = 1000000\,\text{Hz}$、门控时间为 1s 时，可得 $N = 1000000$，若 7 位显示器的单位采用 kHz，则显示为 1000.000kHz；如果门控时间改为 0.1s，则 $N = 100000$，显示为 1000.00kHz，7 位显示器的第 1 位不显示，只显示 6 位数字，且小数点已后移 1 位。

（2）频率比测量

通用电子计数器还可以用来测量两个待测信号频率的比值。电路连接如图 5-10 所示。两待测信号分别加到 A、B 输入通道。频率较低的信号 f_B 加至 B 通道，经放大、整形后用作门控双稳的触发信号，频率较高的信号 f_A 加至 A 通道，经整形后变成重复频率与 f_A 相等的计数脉冲。主门的开通时间为 $T_B = 1/f_B$，在该时间内对频率 f_A 的待测信号进行计数，可得：

$$N = \frac{T_A}{T_B} = \frac{f_A}{f_B}$$

即：$f_A = Nf_B$。

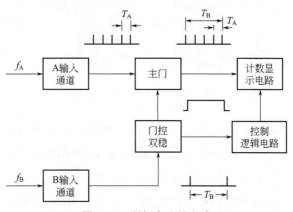

图 5-10　测频率比的电路

为了提高测量准确度，还可将频率较低的 f_B 信号的周期扩大，即将该信号经分频器后再加至门控双稳。当主门的开通时间增大后，计数值随之增大，但由于可进行小数点自动移位，显示的比值 N 不变。

（3）累加计数

累加计数是指在限定的时间内，对输入的计数脉冲进行累加。其测量原理和测量频率是相同的。不过这时门控双稳必须改用人工控制。其电路连接如图 5-11 所示，待计数脉冲信号经 A 输入通道进入，这时计数值就是累加数。

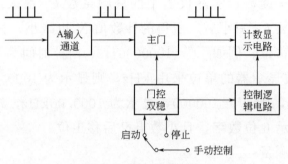

图 5-11 累加计数电路

（4）周期测量

测量周期时电子计数器的电路连接如图 5-12 所示。

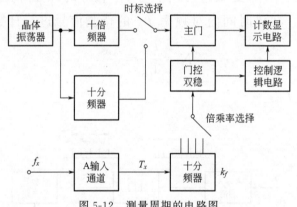

图 5-12 测量周期的电路图

被测信号经 A 输入通道整形，使其转换成相应的矩形波，取出其跳变沿形成脉冲串，这时同极性跳变沿脉冲的重复周期恰好等于被测信号周期。利用该脉冲去触发门控双稳，控制主门的开闭。主门导通的时间就正好等于被测信号的周期。晶振经倍频（或分频）后产生的时标脉冲同时送至主门的另一输入端。在主门开启的时间内对输入的时标脉冲计数。设计数的值为 N，时标脉冲周期为 T_s，则被测信号周期 T_x 为：$T_x = N T_s$。

在实际测量周期时，为了减小误差，常采用多周期测量，读取平均周期值。即把被测信号的周期扩大 $10n$ 倍，再加至门控双稳，对计数器的读数除以 $10n$，即得到平均周期值。被测信号周期扩大 $10n$ 倍，实际上就是进行各级十分频（常称倍乘）。

（5）测量时间间隔

测量时间间隔的原理与测量周期相同。首先需要将被测信号整形为脉冲串。

当测量同一脉冲串的两个相邻脉冲间隔时，电路连接方法与测量周期电路相同，如图 5-13 所示。在形成的脉冲串中，前一个脉冲可作为启动脉冲，控制门控双稳翻转；后一个脉冲则作为停止脉冲，使门控双稳复原。门控双稳翻转期间产生的方波作为控制主门的门控信号。

对于两个脉冲信号之间的时间间隔测量，可把信号分别加到不同的输入通道，一个用于启动门控双稳；另一个用于使门控双稳复原。其电路连接如图 5-13 所示。A 输入通道作为启动通道，B 输入通道则为停止通道。在测量同一脉冲串两相邻脉冲间隔时，需将 A、B 两通道的输入端通过开关并联起来；测量两个脉冲信号之间间隔时则分开使用，被测信号分别加至 A、B 通道的输入端。

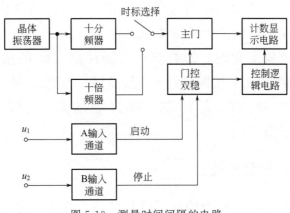

图 5-13　测量时间间隔的电路

测量脉冲宽度时，仪器按图 5-13 连接。当测量正脉冲宽度时，启动通道采用正斜率触发，停止通道采用负斜率触发。对于测量负脉冲宽度或正脉冲的静止期宽度时，则与此相反，启动通道采用负斜率触发，停止通道采用正斜率触发。输入信号后需要适当调节两通道的触发电平，使计数器显示正常。

由于脉冲宽度是以 50% 电平处宽度来定义的，为使测量准确度较高，触发电平要设置在 50% 的脉冲幅度以上。

（6）自校

通用电子计数器都有自校功能。所谓自校就是利用晶振本身产生的时标信号和门控信号，对电子计数器的内部功能进行自我检查。

自校时，电子计数器的电路连接如图 5-14 所示。送入主门的脉冲可来自倍频器或分频器。这时计数器的计数值为：

$$N=\frac{T}{T'_s}=\frac{k_f T_s}{1/nf_s}=k_f T_s nf_s=k_f n$$

式中，n 为进入主门的计数脉冲频率，是晶振频率的倍数；T 为门控脉冲宽度；k_f 为门控脉冲的分频系数，可根据"闸门时间选择"开关所指示的周期倍乘率读出。

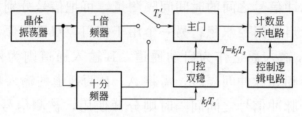

图 5-14　电子计数器自校时的电路连接

从上式可知，当"闸门时间选择"开关和"时标信号选择"开关位置变化时，k_f、n 会变化，但 $N=k_f n$ 的关系不变。由于 k_f、n 都是按 10 进位变化的，当开关位置变化时，小数点可自动移位，N 的指示值为进入主门计数的脉冲频率值。对于相同闸门时间，时标 10 倍，则 N 减为 1/10；若使用同一时标，闸门时间增大 10 倍，则 N 也增大 10 倍，但小数点同时移位，计数器的指示值不变。

三、电子计数器的测量原理

电子计数器是一种多功能的电子测量仪器。它利用电子学的方法测出一定时间内输入的脉冲数目，并将结果以数字形式显示出来。通常电子计数器按照它的功能可分为以下三类。

（1）通用计数器

通常指多功能计数器。它可以用于测量频率、频率比、周期、时间间隔和累加计数等，如果配以适当的插件，还可以测量相位、电压等电量。

（2）频率计数器

其功能为测频和计数。测频范围很宽，在高频和微波范围内的计数器均属于此类。

（3）计算计数器

带有微处理器，具有计算功能。它除了具有计数器功能外，还能进行数学运算，求解比较复杂的方程式，能依靠程控进行测量、计算和显示等全部工作。

四、通用电子计数器的基本组成

通用电子计数器的基本组成如图 5-15 所示。这是一种通用的多功能电子计数器，其电路由 A、B 输入通道、时基产生与变换单元、主门、控制单元、计数及显示单元等组成。电子计数器的基本功能是频率测量和时间测量，但在测量频率和测量时间时，加到主门和控制单元的信号源不同，测量功能的转换由开关来操纵。累加计数时，加到控制单元的信号则由人工控制。至于计数器的其他测量功能，如频率比测量、周期测量等则是其基本功能的扩展。

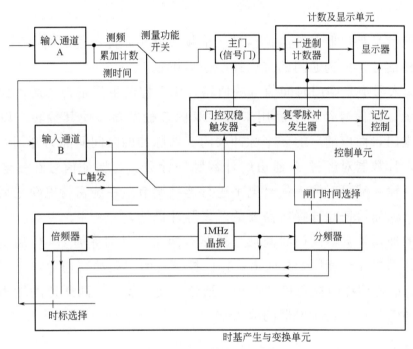

图 5-15　通用计数器的基本组成

1. A、B 输入通道

输入通道送出的信号，经过主门进入计数电路，它是计数电路的触发脉冲源。为了保证计数电路正确工作，要求该信号具有一定的波形、极性和适当的幅度，但输入被测信号的幅度不同，波形也多种多样，必须利用输入通道对信号进行放大、整形，使其变换为符合主门要求的计数脉冲信号。输入通道共有两路，由于两个通道在测试中的作用不同，也各有其特点。A 输入通道是计数脉冲信号的输入电路，其组成如图 5-16(a) 所示。

当测量频率时，计数脉冲是输入的被测信号经整形而得到的。当测量时

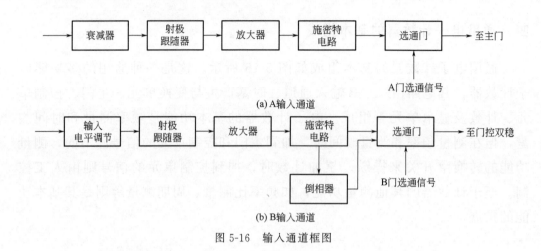

(a) A输入通道

(b) B输入通道

图 5-16 输入通道框图

间时，该信号是仪器内部晶振信号经倍频或分频后再经整形而得到的。究竟选用何种信号，由选通门的选通控制信号决定。

B 输入通道是闸门时间信号的通路，用于控制主门是否开通，如图 5-16 （b）所示。该信号经整形后用来触发双稳态触发器，使其翻转。以一个脉冲开启主门，而以随后的一个脉冲关门。两脉冲的时间间隔为开门时间。在此期间，计数器对经过 A 通道的计数脉冲计数。为保证信号在一定的电平时触发，输入端可对输入信号电平进行连续调节。在施密特电路之后还接有倒相器，从而可任意选择所需要的触发脉冲极性。

有的通用计数器闸门时间信号通路有两路，分别称为 B、C 通道。两通道的电路结构完全相同。B 通道用作门控双稳的"启动"通道，使双稳电路翻转；C 通道用作门控双稳"停止"通道，使其复原。两通道的输出经由或门电路加至门控双稳触发器的输入端。

2. 主门

主门又称为信号门或闸门，对计数脉冲能否进入计数器起着闸门的作用。主门电路是一个标准的双输入逻辑门，如图 5-17 所示。它的一个输入端接入来自门控双稳触发器的门控信号；另一个输入端则接收计数用脉冲信

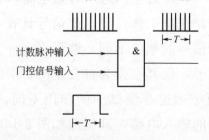

图 5-17 主门电路

号。在门控信号有效期间，计数脉冲允许通过此门进入计数器计数。

在测量频率时，门控信号为仪器内部的闸门时间选择电路送来的是标准信号；在测量周期或时间时，则是整形后的被测信号。

3.时基信号产生与变换单元

本单元用于产生各种时标信号和门控信号，图 5-18 为该电路的原理方框图的实例。

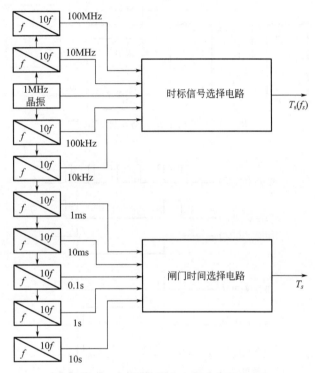

图 5-18　时基信号产生与变换单元

由 1MHz 晶振产生的标准频率信号，作为通用计数器的时间标准。该信号经倍频或分频后可提供不同的时标信号，用于计数或作为门控信号。当晶振频率不同时，或要求提供的闸门信号和时标信号不同时，倍频和分频的级数也不同。

4.控制单元

控制单元为程控电路，能产生各种控制信号去控制和协调计数器各单元工作，以使整机按一定工作程序自动完成测量任务，其电路原理框图如图 5-19 所示。

控制电路的工作波形，如图 5-20 所示。

电子计数器一方面对通过主门的计数脉冲进行计数；另一方面又要显示

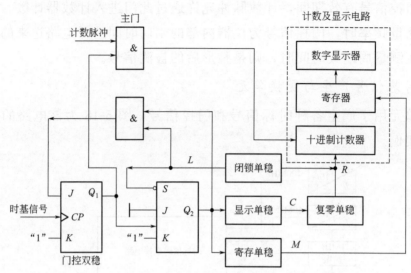

图 5-19　控制单元电路原理方框图

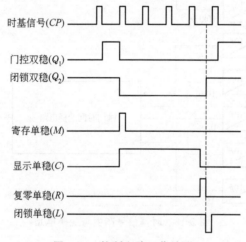

图 5-20　控制电路工作波形

测量结果，它严格按照下列程序往复循环工作：

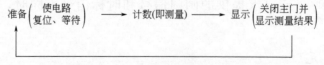

本单元包括门控双稳电路、显示时间控制电路、寄存器、锁存器、复零脉冲产生电路等，可以按程序向主门发送信号，向计数显示电路发出复零信号、记忆指令等。

图 5-19 所示是一个控制电路的实例。在准备期，门控双稳复零（$Q_1 = 0$），闭锁双稳置"1"（$Q_2 = 1$），撤除了对门控双稳的封锁。然后在时基信

号的作用下，门控双稳翻转（$Q_1 = 1$），主门开启，测量期开始。在后续的第二个时期信号作用下，门控双稳翻转，降沿使寄存单稳产生寄存信号，刷新寄存器内容，显示器开始显示新的测量期（$Q_1 = 0$），主门关闭，测量期结束。Q_1 的下降沿使闭锁双稳由"1"翻转为"0"。Q_2 的下降沿还将显示单稳产生控制显示时间的延时信号，延时结束时产生复零脉冲 R，使仪器各有关部分复零。在显示复零过程中闭锁双稳为门控双稳提供闭锁信号。为保证可靠地复零，在复零信号结束时不立即开始新的测量，而由闭锁单稳提供一个短暂的辅助闭锁信号，该信号又加至闭锁双稳 S 端，使 $Q_2 = 1$。待所有闭锁信号都撤除后，门控双稳才进入等待下一次触发的状态。

5. 计数及显示电路

本单元用于对主门输出的脉冲计数，并显示十进制脉冲数。由 2～10 进制计数电路及译码器、数字显示器等构成。它有三条输入线：一条是计数脉冲用的信号输入线；第二条是复零信号线；第三条是记忆控制信号线。有的通用计数器还可以输出显示结果的 BCD 码。

五、电子计数器的测量误差

1. 误差的分类

（1）量化误差

所谓量化误差就是指在进行频率的数字化测量时，被测量与标准单位不是正好为整数倍，因此，在量化过程中有一部分时间零头没有被计算在内而造成的误差，再加之闸门开启和关闭的时间和被测信号不同步（随机的），也会使电子计数器出现 ±1 的误差。

（2）触发误差

所谓触发误差就是指门控脉冲在干扰信号的作用下，使触发提前或滞后所带来的误差。

（3）标准频率误差

标准频率误差是指由于电子计数器所采用的频率基准（如晶振等），受外界环境或自身结构性能等因素的影响产生漂移，因而给测量结果引入的误差。

2. 频率测量误差分析

计数器直接测频的误差主要由两项组成：±1 量化误差和标准频率误差。一般总误差可采用分项误差绝对值合成，即

$$\frac{\Delta f_x}{f_x} = \pm\left(\frac{1}{T_s f_x} + \left|\frac{\Delta f_c}{f_c}\right|\right) \tag{5-5}$$

（1）量化误差的分析

在测频时，由于闸门开启时间和被计数脉冲周期不成整数倍，在开始和结束时会产生零头时间 Δt_1 和 Δt_2，如图 5-21 所示。

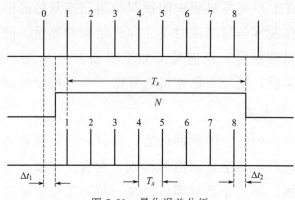

图 5-21　量化误差分析

由于 Δt_1 和 Δt_2 在 $0 \sim T_x$ 之间任意取值，则可能有下列情况：

① 当 $\Delta t_1 = \Delta t_2$ 时，$\Delta N = 0$；

② 当 $\Delta t_1 = 0$，$\Delta t_2 = T_x$ 时，$\Delta N = -1$；

③ 当 $\Delta t_1 = T_x$，$\Delta t_2 = 0$ 时，$\Delta N = +1$。

即最大计数误差为 ±1 个数，故电子计数器的量化误差又称为 ±1 误差。

$$\frac{\Delta N}{N} = \frac{\pm 1}{N} = \pm\frac{1}{T_s f_x} \tag{5-6}$$

（2）标准频率误差的分析

由于晶振输出频率不稳定引起闸门时间的不稳定，因此将造成测频误差。

因为：　　　$T_s = k \times T_c = \dfrac{k}{f_c}$，而 $\Delta T_s = \dfrac{\mathrm{d}(T_s)}{\mathrm{d}(f_c)}\Delta f_c = \dfrac{k\,\Delta f_c}{f_c^2}$

所以：　　　　　　　$\dfrac{\Delta T_s}{T_s} = -\dfrac{\Delta f_c}{f_c}$

（3）减小测频误差的方法

根据式（5-5）所表示的测频误差 $\Delta f_x / f_x$ 与 ±1 误差，以及标频误差 $\Delta f_c / f_c$ 的关系，可画出如图 5-22 所示计数器测频时的误差曲线。

从图 5-22 中可以看出：当在 f_x 一定时，增加闸门时间 T_s 可以提高测频分辨力和准确度。当闸门时间一定时，输入信号频率 f_x 越高，则测量准

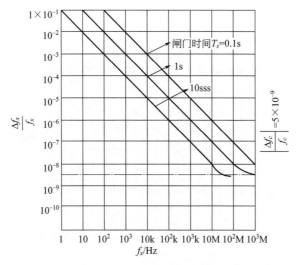

图 5-22 计数器测频时的误差曲线

确度越高。在这种情况下，随着 ± 1 误差减小到 $|\Delta f_c / f_c|$ 以下时，$|\Delta f_c / f_c|$ 的影响不可忽略。这时，可以认为 $|\Delta f_c / f_c|$ 是计数器测频的准确度的极限。

【例 5-1】 设 $f_x = 20\text{MHz}$，若闸门时间 $T_s = 0.1\text{s}$，则由于 ± 1 误差而产生的测频误差为：

$$\frac{\Delta f_x}{f_x} = \pm \frac{1}{T_s f_x} = \frac{\pm 1}{0.1 \times 2 \times 10^7} = \pm 5 \times 10^{-7}$$

若 T_s 增加为 1s，则测频误差为 $\pm 5 \times 10^{-8}$，精度提高 10 倍，但测量时间是原来的 10 倍。

3. 周期测量误差分析

（1）误差表达式

$$\frac{\Delta T_x}{T_x} = \frac{\Delta N}{N} + \frac{\Delta T_0}{T_0}$$

由式 $T_x = NT_0$ 可得：

$$\frac{\Delta T}{T_x} = \pm \frac{1}{T_x f_0} \pm \frac{\Delta T_c}{T_c} = \pm \left(\frac{1}{T_x f_0} + \frac{\Delta f_c}{f_c} \right) \tag{5-7}$$

（2）减小测量周期误差的方法

根据式（5-7）可以得到图 5-23 所示测周期的误差曲线图，由图中可以看出：周期测量时信号的频率越低，测周的误差越小；周期倍乘的值越大，误差越小；另外，可以通过对更高频率的时基信号进行计数来减小量化误差的影响。

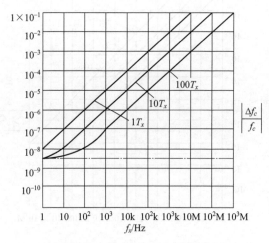

图 5-23　测周期的误差曲线图

（3）中界频率

当直接测频和直接测周的量化误差相等时，就确定了一个测频和测周的分界点，这个分界点的频率称为中界频率，即：

$$\frac{F_s}{f_{x\mathrm{m}}} = \frac{T_0}{T_{x\mathrm{m}}} = \frac{f_{x\mathrm{m}}}{f_0} \tag{5-8}$$

$$f_{x\mathrm{m}} = \sqrt{F_s \cdot f_0} \tag{5-9}$$

根据中界频率，我们可以选择合适的测量方法来减小测量误差，即：当 $f_x > f_{x\mathrm{m}}$ 时，应使用测频的方法；当 $f_x < f_{x\mathrm{m}}$ 时，适宜用测周的方法。

（4）触发误差

在测量周期时，被测信号通过触发器转换为门控信号，其触发电平波动以及噪声的影响等，对测量精度均会产生影响。

在测周时，闸门信号宽度应准确等于一个输入信号周期。闸门方波是输入信号经施密特触发器整形得到的。在没有噪声干扰的时候，主门开启时间刚好等于一个被测周期 T_x。当被测信号受到干扰时（如图 5-24 所示，干扰为尖峰脉冲 U_n，U_B 为施密特电路触发电平）施密特电路本来应在 A_1 点触发，现在提前在 A_1' 处触发，于是形成的门方波周期为 T_1'，由此产生的误差（ΔT_1）称为"触发误差"。可利用图 5-24（b）来近似分析和计算 ΔT_1。如图中直线 ab 为 A_1 点的正弦波切线，则接通电平处正弦波曲线的斜率为 $\tan\alpha$。

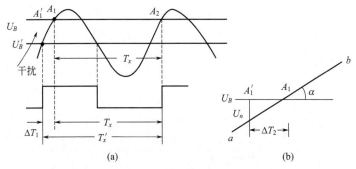

图 5-24 触发误差示意图

由图 5-24 可得：

$$\Delta T_1 = \frac{U_n}{\tan\alpha} \tag{5-10}$$

式中，U_n 为干扰和噪声幅度。

$$\tan\alpha = \frac{\mathrm{d}U_x}{\mathrm{d}t}\Big|_{U_x=U_B} = \omega_x U_m \cos\omega_x t_B$$

$$= \frac{2\pi}{T_x} \cdot U_m \sqrt{1-\sin^2\omega_x t_B} = \frac{2\pi U_m}{T_x}\sqrt{1-\left(\frac{U_B}{U_m}\right)^2}$$

将上式代入式（5-10），实际上一般门电路采用过零触发，即 $U_B=0$，可得：

$$\Delta T_1 = \frac{T_x}{2\pi} \times \frac{U_n}{U_m} \tag{5-11}$$

式中，U_m 为信号振幅。

同样，在正弦信号下一个上升沿上（图中 A_2 点附近）也可能存在干扰，即也可能产生触发误差 ΔT_2。

$$\Delta T_2 = \frac{T_x}{2\pi} \times \frac{U_n}{U_m} \tag{5-12}$$

由于干扰或噪声都是随机的，所以 ΔT_1 和 ΔT_2 都属于随机误差，可按：

$$\Delta T_n = \sqrt{(\Delta T_1)^2 + (\Delta T_2)^2}$$

来合成，于是可得：

$$\frac{\Delta T_n}{T_x} = \frac{\sqrt{(\Delta T_1)^2 + (\Delta T_2)^2}}{T_x} = \pm\frac{2}{\sqrt{2}\pi} \times \frac{U_n}{U_m} \tag{5-13}$$

（5）多周期同步法

多周期同步法测量可减小转换误差的原理如图 5-25 所示。因为闸门信号是和被测信号同步后产生的，所以对周期个数的计数值不存在量化误差。而两相邻周期触发误差所产生的 ΔT 是相互抵消的，因此，平均到一个周期就相当于原来误差的 $1/10$。

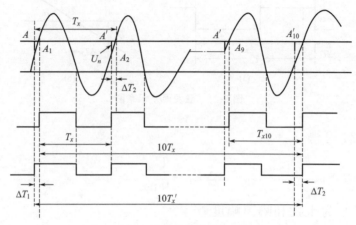

图 5-25　多周期同步法示意图

【相关实践知识】

认识安捷伦 53131A 型计数器

安捷伦 53131A 型计数器如图 5-26 所示，其主要性能说明见表 5-4。

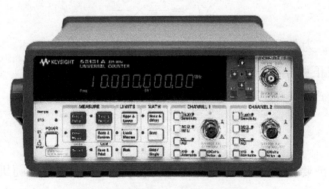

图 5-26　安捷伦 53131A 型计数器

表 5-4　安捷伦 53131A 计数器性能

性能	说明
测量功能	频率、频率比、时间间隔、周期、上升/下降时间、正/负脉冲宽度、占空比、相位（CH_1 对 CH_2）、总和、峰值电压、时间间隔平均、时间间隔延迟

性能		说明
分析功能		自动极限测试,数字运算(定标和偏置),统计(最小、最大、平均值、标准偏差),可对所有测量结果或对仅在极限范围内的测量结果进行统计
测量特性	频率范围	CH_1 和 CH_2,DC~225MHz
	频率分辨率	12 位/秒
	时间间隔分辨率(LSD)	150ps
	测量速度	可测量 200 次/秒(在 GPIB 上)
电压范围和灵敏度(正弦)	DC~100MHz	$20mV_{rms}$~$\pm5V_{ac+dc}$
	100~200MHz	$30mV_{rms}$~$\pm5V_{ac+dc}$
	200~225MHz	$40mV_{rms}$~$\pm5V_{ac+dc}$
输入调节(CH_1 和 CH_2 独立选择)	阻抗,耦合	$1M\Omega$ 或 50Ω(ac 或 dc)
	低通滤波器	100kHz(可切换)
	衰减	×1 或 ×10
外部时基参考输入		10MHz
触发		CH_1 和 CH_2 对上升/下降沿触发,用信号电平的百分数或绝对电压设置电平,设置灵敏度至低、中或高
闸门和启动		自动、手动(设置闸门时间或分辨率位数);外部、延迟
接口		标准 GP-IB(IEEE 488.1 和 488.2),带 SCPI 兼容语言;只读 RS-232
电源		$100~120V_{ac}\pm10\%$,50、60 或 $400Hz\pm10\%$ $220~240V_{ac}\pm10\%$,50 或 $60Hz\pm10\%$
尺寸($W\times H\times D$)		212.6mm×88.5mm×348.3mm
净重		3kg

双通道 53131A 通用计数器提供 10 位/秒的频率/周期分辨率和 225MHz 带宽。时间间隔分辨率为 500ps。可选的第 3 通道提供高达 3GHz、

5GHz 或 12.4GHz 的频率测量。标准测量包括频率、周期、频率比、时间间隔、脉冲宽度、上升/下降时间、相位、占空比、总和和峰值电压等。

【项目实训】

实训　电子计数器的使用

【实验目的】

　　① 熟悉通用计数器面板装置及其操作方法；

　　② 掌握通用计数器测量信号的频率、周期、脉宽；

　　③ 熟悉安捷伦 53131A 多功能计数器面板设置；

　　④ 掌握多功能计数器的自校，记录显示值。

【实验器材】

　　① 安捷伦 53131A 多功能计数器一台；

　　② 函数信号发生器一台。

【实验内容及步骤】

　　① 仪器自检。多功能计数器开机后完成自检。

　　② 测量频率。用函数信号发生器产生一个频率为 130kHz 的方波信号，改变电子计数器的闸门时间，然后进行该信号的频率测量，测量结果填入表 5-5 中。

表 5-5　测量记录表（1）

闸门时间	10ms	100ms	1s	10s
被测信号频率				

　　③ 测量周期。用函数信号发生器产生一个频率为 130kHz 的方波信号，改变电子计数器的闸门时间，然后进行该信号的周期测量，测量结果填入表 5-6 中。

表 5-6　测量记录表（2）

闸门时间	10ms	100ms	1s	10s
被测信号周期				

　　④ 测量脉宽。用函数信号发生器产生频率分别为 130kHz、50kHz 的方波信号，电子计数器的闸门时间选择为 10s，分别对两个信号进行脉宽测

量，测量结果填入表 5-7 中。

表 5-7　测量记录表（3）

被测信号频率	脉宽
130kHz	
50kHz	

⑤ 综合测量。调节函数信号发生器，使其输出不同频率的正弦信号，用通用计数器进行测量，将结果填入表 5-8 中。

表 5-8　测量记录表（4）

信号发生器输出信号频率	10Hz	100Hz	1kHz	10kHz	100kHz
计数器测量值					
频率准确度					

项目小结

1.频率是电子技术中最基本的参量之一，时间与频率基准的精确度是所有计量基准中最高的一种。目前最常用的频率标准有两类：原子频率标准和高精度石英晶体振荡器。

2.电子计数器按照功能分为：通用计数器、频率计数器、时间间隔计数器和特种计数器。

3.电子计数器的主要技术指标有：测试功能、测量范围、输入特性、测量准确度、石英晶体振荡器的频率稳定度、闸门时间和时间标准以及输出等。

4.电子计数器的基本工作原理是比较测量法，将待测的时间和频率，与标准的时间间隔和标准频率进行比较，即可得到整量化数字 N。

5.电子计数器由于闸门信号和计数信号的不同，而具有：测频、测周、测时间间隔、测频率比、自校等多种测量功能。

6.电子计数器测量频率的误差主要有：量化误差和闸门时间误差；电子计数器测量周期的误差主要有：量化误差、时标误差和触发误差。减小误差的方法是：增加计数值，提高信噪比和选用高精度的标准频率，使测频和测周误差相等的频率称为中界频率。

7.通过实训，学生将学会合理选择电子计数器，掌握电子计数器的测量功能，正确选择仪器测量功能，熟悉电子计数器的按钮分布及使用方法，运用电子计数器完成对时间和频率等参数的测量。

习 题

1.简述通用计数器的结构及组成。

2.通用计数器可以实现哪些功能？

3.用电子计数器测量某信号周期，已知时标信号为 $0.1\mu s$，周期倍乘率为 100，计数器显示值为 12.345，则被测信号周期为多少？

4.用 8 位电子计数器测量一个频率为 1240kHz 的信号时，若选择闸门时间为 100ms，则显示值为多少？

5.用 6 位电子计数器测量频率为 10kHz 和 100kHz 的信号频率，闸门时间分别置于 1s 和 0.1s。

（1）分别计算由量化误差引起的测频误差；

（2）根据结果说明什么情况下误差小。

6.用计数频率计测量频率，闸门时间为 1s，计数器读数为 7600，这时由±1 误差产生的测频误差为多少？如将被测信号倍频 6 倍，又把闸门时间扩大到原来的 4 倍，此时由±1 误差引起的测频误差又为多少？

7.电子计数器的误差来源主要有哪些？如何提高测量精确度，减小误差？

项目六

电子元器件参数的测量及其应用

在生产和科研中，经常需要测量电子元器件的参数，如电阻的阻值、电容的电容量、电感的电感量、阻抗的品质因素 Q 以及损耗因素 D 等，而电子元器件作为最基本的电子产品，是构成电子产品、电子系统的基础，因此，它们的性能可以直接影响电子设备的质量。

【教学目标】

① 了解电桥法测量 R、L、C 的原理；

② 了解谐振法测量元件参数；

③ 熟悉扫频仪测量原理及主要组成；

④ 了解晶体管特性图示仪测量原理；

⑤ 掌握数字电桥仪和晶体管特性图示仪的使用。

【工作任务】

① 用数字电桥测量电容量；

② 用数字电桥测量电阻值；

③ 用数字电桥测量电感量。

【教学案例】

使用扫频仪测量放大电路的幅频特性，连接方式如图 6-1 所示。扫频仪的扫频信号从输出端通过输出电缆接入被测放大电路，放大电路输出信号通过输入电缆接入扫频仪信号输入端。观察屏幕的频率特性曲线，判断电路是否符合要求，是否有故障。

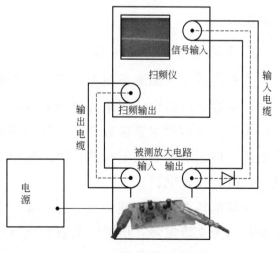

图 6-1　扫频仪测量连接图

【相关理论知识】

一、电桥法测量 R、L、C

1. 直流电桥法测量电阻

电阻的测量方法有万用表测量法、电桥法和伏安法。当对电阻值的测量精度要求很高时，要用直流电桥法进行测量，直流电桥又称惠斯通电桥。

电桥法又称指零法，它利用指零电路作测量的指示器，工作频率很宽。其优点是能在很大程度上消除或削弱系统误差的影响，精度很高，可达到 10^{-4}。

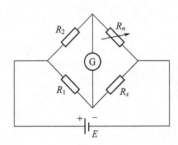

图 6-2　直流电桥测量电阻原理图

如图 6-2 所示是一个直流电桥。它由 R_1、R_2、R_x 和 R_n 四个桥臂组成。其中，R_1、R_2 为固定电阻，称为比率臂，比例系数为 $k = R_1/R_2$；R_n 为标准电阻，称为标准臂；R_x 为被测电阻；E 为直流电源；G 为检流计。测量时，接上被测电阻 R_x，再接通电源，通过调节 k 和 R_n 的值，使电桥平衡，即检流计指示为零，此时，读出 k 和 R_n 的值，即可求得 R_x。

$$R_x = \frac{R_1}{R_2} \times R_n = k \times R_n \tag{6-1}$$

根据式（6-1）可以看出，在电桥平衡时，两相对桥臂上电阻的乘积等于另外相对桥臂上电阻的乘积。在已知三个桥臂电阻的情况下，就可计算出被测电阻 R_x。

2. 交流电桥法测量电容

直流电桥法只能测量电阻，而对于电容和电感的测量则需要使用交流电桥法。电容在电路中多用来滤波、隔直、交流旁路，以及与电感一起形成振荡电路等。电容的主要参数是电容量和损耗因数。对于电容的测量有万用表测量法、谐振法和交流电桥法，而测量用交流电桥又分为串联电容比较电桥或并联电容比较电桥。

交流电桥的工作原理和直流电桥基本相同，所不同的是采用交流供电，平衡指示为交流电表，桥臂由电阻和电容组成。用交流电桥可以对电容量和电容器损耗进行精确的测量。

① 串联电容比较电桥测量电容时，原理图如图 6-3 所示。

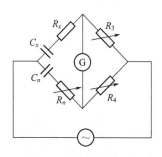

根据电桥平衡条件有：

$$\left(R_x + \frac{1}{\mathrm{j}\omega C_x}\right)R_4 = \left(R_n + \frac{1}{\mathrm{j}\omega C_n}\right)R_3 \quad (6\text{-}2)$$

对式（6-2）整理得：

$$R_x R_4 + \frac{R_4}{\mathrm{j}\omega C_x} = R_n R_3 + \frac{R_3}{\mathrm{j}\omega C_n}$$

图 6-3　串联电容比较
电桥测量原理图

根据实部与实部相同，虚部与虚部相同，则有：

$$R_x = \frac{R_n R_3}{R_4}, \quad C_x = \frac{R_4 C_n}{R_3} \quad (6\text{-}3)$$

式中，C_x 为被测电容的容量；C_n 为可调标准电容；R_3、R_4 为可调电阻；R_x 为被测电容的等效串联损耗电阻；R_n 为可调标准电阻。

损耗因素：$D_x = 2\pi f C_n R_n$。

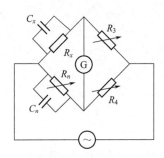

测量时，先根据被测电容的范围，通过改变 R_3 来选取一定的量程，然后反复调节 R_4 和 R_n 使电桥平衡，即检流计读数最小，从 R_4 和 R_n 的刻度读出 C_x 和 D_x 的值。这种电桥适用于测量损耗小的电容器，对于损耗较大的电容器可采用并联电桥。

图 6-4　并联电容比较
电桥测量原理图

② 并联电容比较电桥测量电容时，其测量原理如图 6-4 所示。

在并联电桥中，调节 R_n 和 C_n 使电桥平衡，此时，可根据式（6-4）求出电容的容量、等效串联损耗电阻和损耗因素。

$$\begin{cases} C_x = \dfrac{R_4}{R_3} \times C_n \\[2mm] R_x = \dfrac{R_3}{R_4} \times R_n \\[2mm] D_x = 2\pi f C_n R_n \end{cases} \quad (6\text{-}4)$$

3. 交流电桥法测量电感

电感在电路中多与电容一起构成滤波电路和谐振电路等。电感的主要参数是电感量和品质因数。测量电感的交流电桥有马氏电桥和海氏电桥，分别适用于测量品质因数不同的电路。

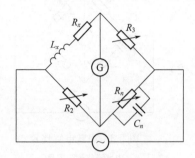

图 6-5　马氏电桥测量原理图

① 马氏电桥测量原理如图 6-5 所示。

由电桥平衡条件可得：

$$\begin{cases} L_x = R_2 R_3 C_n \\ R_x = \dfrac{R_2 R_3}{R_n} \\ Q_x = \omega R_n C_n \end{cases} \tag{6-5}$$

式中，L_x 为被测电感；C_n 为标准电容；R_x 为被测电感的损耗电阻；Q_x 为被测电感的品质因素。

一般 R_3 用开关连接，可进行量程选择，R_2 和 R_n 为可调标准元件，从 R_2 的刻度可直接读出 L_x 的值，由 R_n 的刻度值可直接读出 Q_x 值。马氏电桥适用于测量 $Q_x < 10$ 的电感。

② 海氏电桥测量原理如图 6-6 所示。

由电桥平衡条件可得：

$$\begin{cases} L_x = \dfrac{R_2 R_3 C_n}{1 + \omega^2 R_n^2 C_n^2} \\ R_x = \dfrac{R_2 R_3}{R_n} \times \dfrac{\omega^2 R_n^2 C_n^2}{1 + \omega^2 R_n^2 C_n^2} \\ Q_x = \dfrac{1}{\omega R_n C_n} \end{cases} \tag{6-6}$$

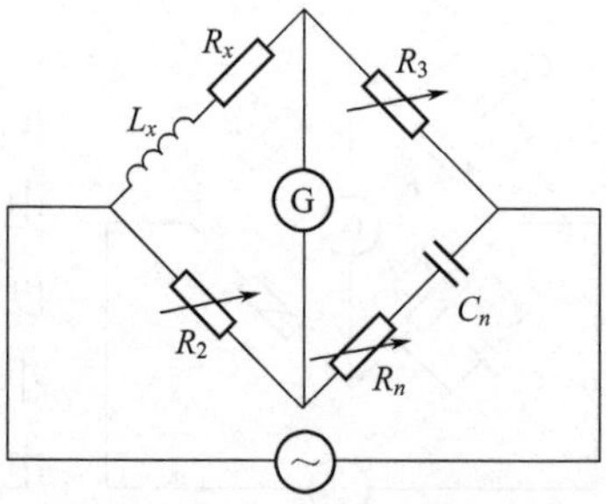

图 6-6　海氏电桥测量原理图

和马氏电桥一样，由 R_3 进行量程选择，从 R_2 的刻度直接读出 L_x 的值，由 R_n 的刻度值直接读出 Q_x 值。海氏电桥适用于测量 $Q_x > 10$ 的电感。

用电桥测量电感时，首先应估计被测电感的 Q_x 值以确定电桥的类型；再根据被测电感量的范围选择量程（R_3），然后反复调节 R_2 和 R_n，使检流计 G 的读数为零，这时即可从 R_2 和 R_n 的刻度读出被测电感的 L_x 值和 Q_x 值。

二、谐振法测量元件参数

谐振法是根据谐振回路的谐振特性建立起来的测量元件参数的方法，其基本电路原理图如图 6-7 所示。它由高频振荡电路、LC 谐振回路和谐振指

示电路组成。振荡电路提供高频信号，它与
谐振回路之间的耦合程度应足够弱，使反映
到谐振回路中的阻抗小到可以忽略不计。谐
振指示器用来判别回路是否处于谐振状态，
它可以用并联回路两端的电压表来指示。同

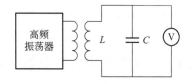

图 6-7　谐振法测量元件电路原理图

样要求谐振指示器的内阻对回路的影响小到可以忽略不计。

1. 电容量的测量

谐振法测量电容量有直接法和替代法两种。

（1）直接法

用直接法测试电容量的电路与图 6-7 所示的基本电路相同。选用一适当
的标准电感 L，与被测电容 C_x 组成谐振电路，调节高频振荡电路的频率，
当电压表的读数达到最大，即谐振回路达到串联谐振状态。这时振荡电路输
出信号的频率 f 将等于测量回路的固有频率 f_0，即

$$f = f_0 = \frac{1}{2\pi\sqrt{LC_x}}$$

由此可以求得电容 C_x 的值为：

$$C_x = \frac{1}{4\pi^2 f_0^2 L} \tag{6-7}$$

式中，电容的单位是 F，频率的单位是 Hz，电感的单位是 H。

由于谐振频率 f_0 可由振荡电路的仪表盘读得，电感线圈的电感量是已
知的，即可由上式计算被测电容量 C_x。由直接法测得的电容量是有误差的，
因为它的测试结果中包括了线圈的分布电容和引线电容，为了消除这些误
差，宜改用替代法。

（2）替代法

替代法测量电容量有并联替代法和串联替代法两种。串联替代法和并联
替代法采用替代原理，进行两次测试。被测元件接入前使电路谐振，被测元
件接入已调谐好的电路后会使电路失谐，然后重新调整电路中的标准元件，
以补偿（替代）被测元件造成的失谐。测量结果需要计算后方能得到。这是
一种间接测量的方法。

① 并联替代法。用并联替代法测试电
容量的电路原理图如图 6-8 所示，进行测试
时，首先将标准可变电容器放在电容量很
大的刻度位置 C_{s1} 上，调节振荡电路的频

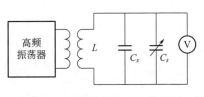

图 6-8　并联替代法测量原理图

率使串联谐振回路谐振。然后将被测电容器接在 C_x 接线柱上，与标准可变电容器并联，振荡电路保持原来的频率不变，减小标准可变电容器的电容量到 C_{s2}，使串联谐振回路恢复谐振。在这种情况下有：

$$C_{s1}=C_{s2}+C_x$$

被测电容 C_x 的值为：

$$C_x=C_{s1}-C_{s2}$$

并联替代法只能测量电容量小于标准可变电容器变化范围内的电容器。当电容量大于标准可变电容器变化范围时，则可根据被测电容量估算选择一个适当容量的电容器作为辅助元件，在用上述方法进行测试。

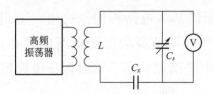

图 6-9　串联替代法测量原理图

② 串联替代法。对于被测电容量大于标准可变电容器容量变化范围的另一种测试方法是串联替代法。串联替代法测电容的电路原理图如图 6-9 所示。进行测试时，首先将标准可变电容放在电容量甚小的刻度位置 C_{s1} 上，调节振荡电路的频率使串联谐振回路谐振。然后将被测电容串联在谐振回路中，振荡电路保持原来的频率不变，增加标准可变电容量到 C_{s2}，使串联谐振回路恢复谐振。在这种情况下有：

$$C_{s1}=\cfrac{1}{\cfrac{1}{C_{s1}}+\cfrac{1}{C_x}}$$

被测电容 C_x 的值为：

$$C_x=(C_{s2}\times C_{s1})(C_{s2}-C_{s1})$$

2.电感量的测量

（1）直接法

在图 6-7 中，若已知标准电容 C_s 和被测电感 L_x 组成谐振回路，按测试电容的同样方法，调节振荡电路的输出频率，使谐振回路达到谐振状态，由式：

$$f=f_0=\frac{1}{2\pi\sqrt{LC_x}}$$

可测出被测电感 L_x 的值：

$$L_x=\frac{1}{4\pi^2 f_0^2 C_s} \tag{6-8}$$

式中，电容的单位是 F，频率的单位是 Hz，电感的单位是 H；式中 f_0

可由振荡电路的仪表盘读得，C_s 可由标准可变电容器读得。

用直接法测得的电感量是有误差的，因为实际上，式(6-8)中的电容值还包括线圈的分布电容和引线电容，而标准可变电容的刻度中不包括这两项电容值，测试结果为正误差，测试值永远大于实际值。若要消除误差，应采用替代法。

（2）替代法

与测电容一样，测量电感也有并联替代法和串联替代法两种。测小电感时用图 6-10(a) 所示的并联替代法，测大电感时用图 6-10(b) 所示的串联替代法。测试方法与测电容的替代法一样。

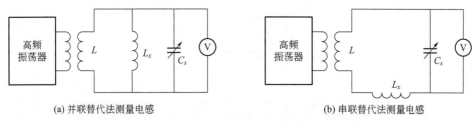

(a) 并联替代法测量电感　　　　　　　　　　(b) 串联替代法测量电感

图 6-10　替代法测量电感量

3. 品质因数 Q 的测量

利用谐振法测回路的品质因数（Q 值），可采用电容变化法或频率变化法，两种测试方法均可采用图 6-10 所示的电路。

电容变化法是变化调谐回路中的电容量，使回路发生一定程度的失谐，从而求得回路的品质因数。根据回路谐振时可变电容器 C_s 的读数 C_{so} 和回路两次失谐（谐振指示器指示下降到 70.7%）时，可变电容器 C_s 的读数 C_1、C_2，即可按式(6-9)计算品质因数：

$$Q = \frac{2C_{so}}{C_2 - C_1} \qquad (6-9)$$

频率变化法是变化高频振荡电路的振荡频率，使回路发生一定程度的失谐，从而求得回路的品质因素。根据回路谐振时振荡电路的频率数 f_0 和回路两次失谐（谐振指示的指示下降到 70.7%）时振荡电路的频率读数 f_1 和 f_2，可计算品质因数：

$$Q = \frac{f_0}{f_2 - f_1} \qquad (6-10)$$

三、扫频仪

扫频仪又称为频率特性测试仪，它是一种在示波管屏幕上直接显示被测系统幅频特性曲线的图示测量仪器。

扫频仪在雷达技术、调频通信、微波中继通信、电视广播和电子教学等方面有着广泛的应用。它给网络频率特性的调整、检验及动态快速测量都带来了极大的便利。

1. 频率特性测试原理

系统频率特性的测试方法主要有点频测量法和扫频测量法两种。

（1）点频测量法

点频测量法亦称逐点测量法，就是通过逐点测量一系列规定频率点上的网络增益（或衰减）来确定幅频特性曲线的方法。其原理图如图 6-11 所示。

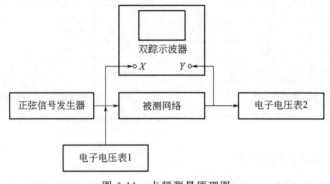

图 6-11　点频测量原理图

测量时，信号发生器送出的信号幅度始终保持不变，只改变其频率。从被测电路的低频率端开始，逐点调高信号发生器的频率，在电压表或示波器

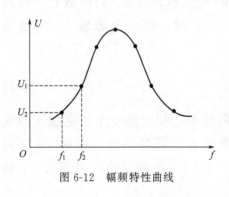

图 6-12　幅频特性曲线

上可以记录相应的输入电压和输出电压，一直到达所需测试的频率高端为止。然后以频率 f 为横坐标，以 $A_u = U_o / U_i$（或 $20\lg U_o / U_i$）为纵坐标，就可以在直角坐标系上描绘出所测的幅频特性曲线，如图 6-12 所示。

用点频测量法测试，频率是不连续的，如果在某相邻两点之间频率特性有突变的情况，那么在频率特性曲线上反映不出来，所以它存在以下缺点：由人工逐次改变输入正弦信号的频率，逐点记录对应频率的输出信号幅度而得到幅频特性曲线，测量次数多，测试时间长；所得频率特性是静态的，无法反映信号的连续变化；该方法繁琐、费时、可能漏掉特性突变点。

（2）扫频测量法

扫频测量法是以扫频信号发生器作为信号源，使信号频率在一定范围内按一定规律作周期性的连续变化，从而代替信号频率的手工调节，并且用示波器来代替电子电压表，直接描绘出被测电路的幅频特性曲线。其原理图如图 6-13 所示。

图 6-13　扫频测量法原理图

扫频信号发生器产生正弦信号，其频率随时间线性连续变化，但幅度不变，将此信号加在被测电路上，其输出信号的幅度将根据被测电路的幅频特性而变化，所以进入宽带检波器的信号是一个调幅波，此调幅波的包络就是被测电路的幅频特性。把检波器检出的信号包络送入示波器，即可在荧光屏上显示出被测电路的幅频特性曲线，调幅信号如图 6-14 所示。

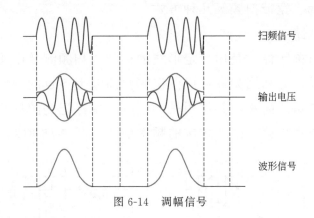

图 6-14　调幅信号

2.扫频仪的基本概念

① 扫频：在调频时，频率由低端到高端周期性地连续变化。

② 中心频率：位于频谱宽度中心的频率。

③ 频偏：调频波中的瞬时频率与中心频率的差。在扫频仪中，希望有较大的频偏，并可以连续调节其变化范围。

④ 扫频宽度：扫频所覆盖的频率范围内最高频率与最低频率之差。

3.扫频仪的组成及原理

扫频仪由扫频信号发生器、示波器、频标电路、正弦信号发生器、检波头和被测电路等部分组成，如图 6-15 所示。

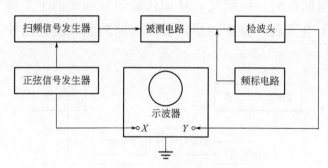

图 6-15　扫频仪组成原理图

（1）正弦信号发生器

正弦信号发生器产生扫频振荡器所需的调制信号和示波器的扫描信号。

（2）扫频信号发生器

扫频信号发生器实际上是一种调频振荡器，是扫频仪的核心部分，它产生频率按一定规律变化的扫频信号。在扫频仪中应用的调频方式主要有磁调制、变容二极管、宽带扫频等几种方式。

（3）频标电路

频率标记简称频标，是用一定形式的标记对扫频测量中所得到的图形的频率值进行定量，即利用频标可以读出幅频曲线上各点的频率值。频标电路则是频率标记电路的简称，其作用是产生有频率标记的图形叠加在幅频特性曲线上，以便能直接读出某点相应的频率值，如图 6-16 所示。

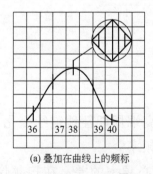
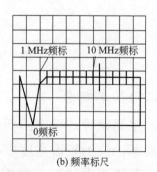

(a) 叠加在曲线上的频标　　　　(b) 频率标尺

图 6-16　频标示意图

频标是由作为频率标准的晶振信号与扫频信号混频而得到的，产生间隔为 1MHz 或 10MHz 的频标信号，如图 6-17 所示，包括菱形频标和针形频标，菱形频标适用于高频测量，而针形频标适用于低频测量。

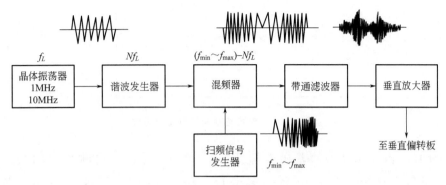

图 6-17　频标产生原理图

晶体振荡器产生的信号经谐波发生器产生一系列的谐波分量，这些基波和谐波分量与扫频信号一起进入频标混频器进行混频。当扫频信号的频率正好等于基波或某次谐波的频率时，混频器产生零差频（零拍）；当两者的频率相近时，混频器输出差频，频值扫频信号随瞬时频偏的变化而变化。差频信号经带通滤波及放大后形成菱形图形，如图 6-18 所示，这就是菱形频标。

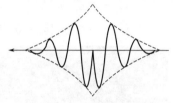

图 6-18　放大后的菱形频标

四、晶体管特性图示仪

常见的半导体分立元器件有二极管、晶体管、场效应管等。根据所测量的参数类型，测量仪器主要有以下几种：直流参数测量仪器、交流参数测量仪器、极限参数测量仪器和晶体管特性图示仪。其中，晶体管特性图示仪是应用最广泛的一种，它能测二极管的正向特性、反向特性、晶体管的输入特性、输出特性、电流放大特性等参数。

1.晶体管特性图示仪的工作原理

晶体管特性图示仪是一种用示波管显示半导体器件的各种特性曲线，并可测量其静态参数的测试仪器。它具有功能强、用途广泛、能够直接显示、使用方便、操作方便的优点，对于从事半导体机理的研究及半导体在无线电领域的应用，是必不可少的测试工具。

晶体管特性图示仪的测量原理基础是逐点测量法，测量原理如图 6-19 所示。

测试时，首先调节 E_b 使基极电流为 i_{b1}，逐点改变 E_c 可测得一组 U_{ce}

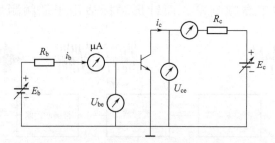

图 6-19　三极管特性曲线测量原理图

和 I_c 的值；再调节 E_b 使基极电流为 i_{b2}，改变 E_c，又可测得一组 U_{ce} 和 I_c 的值。重复上述过程，就可测得多组 U_{ce} 和 I_c 的值，把这些值在直角坐标上画出来，就可以得到特性曲线了，而晶体管特性图示仪能自动测试并显示三极管的输出特性曲线，因为它满足以下条件：

① 有一个能提供每一个测试过程所需的基极电流 I_b；

② 对每一个固定的基极电流，集电极电压应会自动改变；

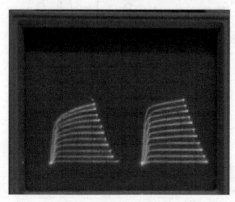

图 6-20　三极管特性曲线

③ 能及时取出各组 U_{ce} 和 I_c 值送入显示电路，从而显示出输出特性曲线。

在图示仪中，所需的基极电流由基极阶梯信号发生器提供，所需的集电极电压由集电极扫描电压发生器提供，需要测试的电压、电流值加在示波管的 X 轴和 Y 轴上，由示波管显示出来，效果如图 6-20 所示。

2. 晶体管特性图示仪的组成

晶体管特性图示仪原理图如图 6-21 所示。它主要由集电极扫描发生器、同步脉冲发生器、基极阶梯发生器、X 轴电压放大器、Y 轴电压放大器、示波管、电源及各种电路组成。

① 集电极扫描发生器的主要作用是产生集电极扫描电压，其波形是正弦半波波形，幅值可以调节，用于形成水平扫描线。

② 同步脉冲发生器的主要作用是产生同步脉冲，使扫描发生器和阶梯发生器的信号严格同步。

③ 基极阶梯发生器的主要作用是产生基极阶梯电流信号，其阶梯的高度可调，用于形成多条曲线簇。

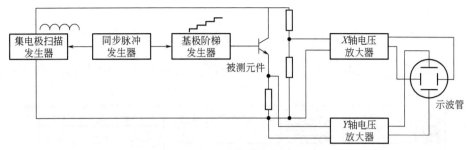

图 6-21 晶体管特性图示仪原理图

④ X 轴电压放大器和 Y 轴电压放大器的主要作用是把从被测元件上取出的信号进行放大，然后送至示波管的相应偏转板上，以在屏幕上形成扫描曲线。

⑤ 示波管的主要作用是在屏幕上显示测试的曲线图像。

【相关实践知识】

一、认识 ZJ2811C LCR 数字电桥

1. 主要性能指标

① 测量参数。电容 C、电感 L、电阻 R 由显示器 A 显示，最大显示位数五位；损耗角正切值 D、品质因素 Q 由显示器 B 显示，最大显示位数四位。

② 测量端方式。五端，分别为：HD、HS、LS、LD、GND。

③ 测试信号的频率。测试信号：正弦波，100Hz、1kHz、10kHz 共三个频点；频率准确度：0.02%。

④ 测量范围。L：$0.01\mu H \sim 9999H$；

$\qquad C$：$0.01pF \sim 99999\mu F$；

$\qquad R$：$0.0001\Omega \sim 99.99M\Omega$；

$\qquad Q$：$0.0001 \sim 9999$；

$\qquad D$：$0.0001 \sim 9.999$。

⑤ 测量速度因子 Ks。

快速：$Ks = 10$；

中速：$Ks = 1$；

慢速：$Ks = 0$。

2.面板简介

ZJ2811C LCR 数字电桥测量仪前面板如图 6-22 所示。

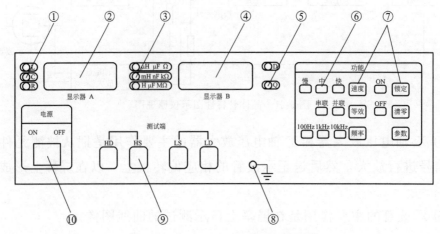

图 6-22　ZJ2811C LCR 前面板示意图

① 参数显示：指示当前测量参数 L、C、R。

② 主参数显示：主参数为五位数字显示，用于显示 L、C、R 的测量结果。

③ 主参数显示单位：显示主参数单位。

④ 副参数显示：副参数为四位数字显示，用于显示 D、Q 的测量结果。

⑤ 副参数单位指示：显示副参数单位。

⑥ 功能指示：指示测量状态。

⑦ 键盘：仪器所有功能状态均由此按键键盘完成。

⑧ 接地端（GND）：用于性能检测或测量时的屏蔽接地。

⑨ 测试端：为被测件测试时提供完整的四端测量。

HD：电流激励高端，测试信号从该端输出，在该端可使用相应仪器检测测试信号源的电压及频率、波形；

HS：电压取样高端，检测加于被测件的高端测试电压；

LS：电压取样低端，检测加于被测件的低端测试电压；

LD：电流激励低端，流过被测件的电流从该端送至仪器内部电流测量部件；

HD、HS 应分别接至被测件的一个引脚端；LD、LS 接至被测件的另一引脚端。

⑩ 电源开关：接通或断开仪器 220V 电源，在 ON 状态，电源接通；在 OFF 状态，电源断开。

二、认识安捷伦 N9020A 型频谱仪

1. 主要性能指标

（1）速度

① 5ms 的标记峰值搜索速度；

② 75ms 的测量/模式切换速度。

（2）指标

① 0.3dB 绝对幅度精度；

② +15dBm 第三阶截距（TOI）；

③ −154dBm/Hz 显示的平均噪声电平（DANL）；

④ 78dB W-CDMA ACLR 动态范围（噪声修正功能启动）。

（3）特性

① 25MHz 分析带宽；

② 设备连接：符合 LXI C 类标准，USB、100based-T LAN、GPIB；

③ 分析仪中最先进的用户界面；

④ 开放式 Windows XP 操作系统；

⑤ Agilent N9020A MXA 信号分析仪（含 LTE 选件）：

⑥ 503：频率范围 20Hz～3.6GHz；

⑦ B25：25MHz 分析带宽。

2. 前面板简介

N9020A 型频谱仪前面板如图 6-23 所示。

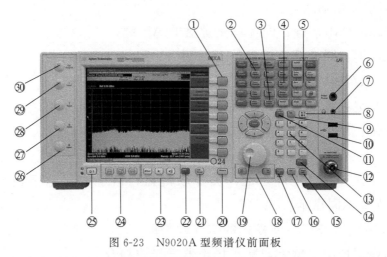

图 6-23　N9020A 型频谱仪前面板

① 菜单键：菜单标签位于菜单按键的左侧，用于标识每个键的当前功

能。所显示的功能依赖于当前所选模式和测量，并直接与最近使用的按键相关。

② 分析仪设置键区：设置当前模式和测量所使用的参数。

③ 测量键区：选择模式和该模式中的测量。控制测量的开始和重复频率。

④ Maker（定制）键区：在当前测量数据范围内测量某指定点/段的数据。

⑤ 功能键区：控制整个系统的功能，如仪器配置信息和I/O设置；打印机设置和打印；文档管理、保存和调用；仪器复位。

⑥ 探头电源：为外部高频探头和附件供电。

⑦ 耳机插孔：收听声音信息。

⑧ 退格键：当输入字母信息时按此键删除前一个字母。

⑨ 删除键：删除文件或执行其他删除任务。

⑩ USB连接口：标准USB2.0端口，A类型。连接外设如鼠标、键盘、DVD驱动器或硬盘。

⑪ Local（本地）/Cancel（取消）/Esc键。

⑫ RF输入：外部信号输入端。确保分析仪输入端信号总功率不超过+30dBm。

⑬ 数字键盘：为当前功能输入数值。输入显示在屏幕左上方测量信息区域。

⑭ Enter和箭头键：当无需测量单位或用户想使用默认的单位时，使用Enter键结束数据输入。

⑮ Menu/（Alt）键：同计算机键盘的Alt键。

⑯ Ctrl键：同计算机键盘的Ctrl键。

⑰ Select/Space键：同计算机键盘的Select/Space键。

⑱ Tab键：在Windows对话框的不同区域中移动。

⑲ 旋钮：增加或减小当前功能值。

⑳ Return键：退出当前菜单并返回前一个菜单。

㉑ Full Screen（全屏）键：关掉软键盘，格子线显示区域放至最大。再按一次恢复不同显示。

㉒ Help键：开启当前模式的交互式帮助。

㉓ 扬声器控制：增大或减小扬声器音量或静音。

㉔ 窗口控制键：在单窗口或多窗口显示间切换。

㉕ 电源待机，打开/关闭：打开分析仪，绿灯表示开机，黄灯表示待机模式。注意：前面板开关是一个待机开关，不是电源开关。

㉖ $\overline{Q}$ 输入：差分模式时 Q 通道输入端。

㉗ Q 输入：单路或差分模式时 Q 通道输入端。

㉘ $\overline{I}$ 输入：差分模式时 I 通道输入端。

㉙ I 输入：单路或差分模式时 I 通道输入端。

㉚ Call 输出：输出信号端口用来校准 I、$\overline{I}$、Q 和 $\overline{Q}$ 输入，以及使用的探头。

3. 基本操作

电平测量操作步骤如下：

① 打开频谱仪；

② 单击按键矩阵左侧的模式选择 Mode 键，液晶屏右侧出现一列模式选项；

③ 单击液晶屏右侧与 Spectrum Analyzer 对应的按键，进入频谱测量模式；

④ 单击按键矩阵中左下角的 Meas 按键（即测量项选择键），液晶屏的右侧出现一列测试选项；

⑤ 单击 Channel Power 对应的右侧按键，即进入电平测量界面；

⑥ 单击按键矩阵上的 Meas Setup 键，液晶屏右侧出现一列电平检测设置项；

⑦ 单击 Integ BW 对应的右侧按键（即代表测量带宽），在数字键盘上输入所测频点的带宽，此时液晶屏上出现一列单位，单击所需单位对应的右侧按键（例如所测频点的带宽为 8MHz，在数字键盘上单击 8，再单击液晶屏上 MHz 对应的右侧按键）；

⑧ 单击按键矩阵的 FREQ Channel 键，液晶屏右侧出现一列频率设置选项；

⑨ 单击 Center FREQ，在数字键盘中键入所测频点的中心频率，此时液晶屏上出现一列单位，单击所需单位对应的右侧按键；

⑩ 液晶屏左下角显示所测频点的电平，显示格式为 "＊dBm/8MHz"，代表 8MHz 内的功率；

⑪ 若功率值没有达到预期，可以尝试单击按键矩阵上 AMPTD 键，再单击 Attenuation，最后按校准按钮即可校准电平测量值。

【项目实训】

实训一　频率特性测试仪的使用

1.BT-3 型频率特性仪的主要技术指标

① 中心频率：指扫描基线为 100mm，在最大频偏时，对准荧光屏中心刻度线的频率，在 1MHz～300MHz 内可以连续调节，分三个波段实现。

② 有效扫频宽度：±0.5～±7.5MHz，可连续调节。

③ 寄生调幅系数：≤±7.5%。

④ 扫频线性度：在频偏±7.5MHz 时，应大于 20%。

⑤ 输出扫频信号电压：大于 0.1V（应接 75Ω 匹配负载，输出衰减置于 0dB）。

⑥ 输出电压调节方式：步进衰减（粗），0、10、20、30、40、50、60（dB）；步进衰减（细），0、2、3、4、6、8、10（dB）。

⑦ 检波探测器的输入电容：≤5pF（最大允许直流电压 300V）。

2.BT-3 扫频仪简介

BT-3 扫频仪前面板如图 6-24 所示。

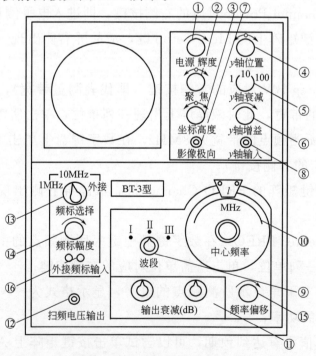

图 6-24　BT-3 扫频仪前面板图

① 电源、辉度旋钮：该控制装置是一只带开关的电位器，兼电源开关的辉度旋钮两种作用。顺时针旋动此旋钮，即可接通电源，继续顺时针旋动，荧光屏上显示的光点或图形亮度增加，使用时亮度宜适中。

② 聚焦旋钮：调节屏幕上光点细小圆亮或亮线清晰明亮，以保证显示波形的清晰度。

③ 坐标亮度旋钮：在屏幕的 4 个角上，装有 4 个带颜色的指示灯泡，使屏幕的坐标尺度线显示清晰。旋钮从中间位置向顺时针方向旋动时，荧光屏上两个对角位置的黄灯亮，屏幕上出现黄色的坐标线；从中间位置逆时针方向旋动时，另两个对角位置的红灯亮，显示出红色的坐标线。黄色坐标线便于观察，红色坐标有利于摄影。

④ y 轴位置旋钮：调节荧光屏上光点或图形在垂直方向上的位置。

⑤ y 轴衰减开关：有 1、10、100 三个衰减挡级。根据输入电压的大小选择适当的衰减挡级。

⑥ y 轴增益旋钮：调节显示在荧光屏上图形垂直方向幅度的大小。

⑦ 影像极向开关：用来改变屏幕上所显示的曲线波形正负极性。当开关在"＋"位置时，波形曲线向上方向变化（正极性波形）；当开关在"－"位置时，波形曲线向下方向变化（负极性波形）。当曲线波形需要正负方向同时显示时，只能将开关在"＋"和"－"位置往复变动，才能观察曲线波形的全貌。

⑧ y 轴输入插座：由被测电路的输出端用电缆探头引接此插座，使输入信号经垂直放大器，便可显示出该信号的曲线波形。

⑨ 波段开关：输出的扫频信号按中心频率划分为三个波段（第Ⅰ波段 1～75MHz、第Ⅱ波段 75～150MHz、第Ⅲ波段 150～300MHz）可以根据测试需要来选择波段。

⑩ 中心频率度盘：能连续地改变中心频率。度盘上所标定的中心频率不是十分准确的，一般是采用边调节度盘，边看频标移动的数值来确定中心频率位置。

⑪ 输出衰减（dB）开关：根据测试的需要，选择扫频信号的输出幅度大小。按开关的衰减量来划分，可分粗调、细调两种。粗调：0dB、10dB、20dB、30dB、40dB、50dB、60dB；细调：0dB、2dB、3dB、4dB、6dB、8dB、10dB。粗调和细调衰减的总衰减量为 70dB。

⑫ 扫频电压输出插座：扫频信号由此插座输出，可用 75Ω 匹配电缆探头或开路电缆来连接，引送到被测电路的输入端，以便进行测试。

⑬ 频标选择开关：有 1MHz、10MHz 和外接三挡。当开关置于 1MHz

挡时，扫描线上显示 1MHz 的菱形频标；置于 10MHz 挡时，扫描线上显示 10MHz 的菱形频标；置于外接时，扫描线上显示外接信号频率的频标。

⑭ 频标幅度旋钮：调节频标幅度大小。一般幅度不宜太大，以观察清楚为准。

⑮ 频率偏移旋钮：调节扫频信号的频率偏移宽度。在测试时可以调整适合被测电路的通频带宽度所需的频偏，顺时针方向旋动时，频偏增宽，最大可达 ±7.5MHz，反之则频偏变窄，最小为 ±0.5MHz。

⑯ 外接频标输入接线柱：当频标选择开关置于外接频标挡时，外来的标准信号发生器的信号由此接线柱引入，这时在扫描线上显示外频标信号的标记。

3. 使用方法及操作步骤

① 旋转"电源、辉度"旋钮，打开电源。

② 将扫频输出探头与扫频输入探头相连（注意地线的连接），调节输出衰减、y 位移、y 增幅、y 衰减开关旋钮，使屏幕上显示出高度适当的带有频标的波形（理想状态应为一个方框）。

③ 进行频标调节时，选择"外""1""10""50"几种频标之一，并调节"频标幅度"旋钮，使频标幅度大小适中。

④ 扫频调节时，选择"全扫"、"窄扫"、"点频"三者之一。再调节中心频率旋钮（当选择"全扫"时该旋钮不起作用）来左右移动曲线，使屏幕显示所需频段的曲线。

⑤ 首次使用时，应调节"中心频率"旋钮，找到零频标（零频标与其他频标在形状上有一定的区别，各台扫频仪的零频标形状各不相同）和每个频标所代表的相应频率值。

⑥ 将输出电缆接入被测网络的信号输入端，输入电缆接入被测网络的信号输出端；连接好地线（应使地线尽可能短，以免产生测量误差），即频率特性测试仪的输出端必须和被测电路的输入端共地，频率特性测试仪的输入端和被测电路的输出端共地。

⑦ 选择好频标及扫频的中心频率，调节输出衰减、y 位移、y 增幅、y 衰减、极性选择等旋钮，使屏幕上出现稳定、大小合适的频率特性曲线，并做好记录。

4. BT-3 扫频仪实验

【实验目的】

熟悉 BT-3 扫频仪面板上的各开关旋钮作用，掌握扫频仪的使用方法。

【实验器材】

BT-3 扫频仪一台。

【实验内容及步骤】

以测试一个中频放大器为例。要求的技术指标如下：中心频率为 30MHz，频带宽度为 6MHz，增益大于 50dB，特性曲线顶部呈双峰曲线，平坦度小于 1dB。测试步骤和方法如下。

① 调整方法。开机预热，调节辉度、聚焦，使图形清晰，基线与扫描线重合，频标显示正常。波段选择开关置于"Ⅰ"位置，中心频率为 30MHz，频偏约为 ± 5MHz，扫频电压输出接带 75Ω 的匹配电缆，y 轴输入接检波器电缆，把以上两根电缆探头直接相连。y 轴衰减置于"1"位置，y 轴增益旋至最大位置，调节输出衰减使曲线呈矩形，且其幅度为 5 大格，记下输出衰减的分贝数，如 12dB。

② 测试电路。测试时，可按教学案例中图 6-1 所示连接电路。输出电缆探头接一个 510pF 左右的隔直电容，再接到中频放大器的输入端。引入这个隔直电容的目的，是防止影响放大器电路的偏置电压。带检波器电缆探头经 1kΩ 隔离电阻接于中频放大器的输出端，有这个隔离电阻可以减小检波器的输入电容对调谐频率的影响。

③ 测试方法。将 y 轴衰减置于 10 挡上（相当于衰减 20dB），输出粗调衰减置于 40dB 上，再来调整输出细衰减，使波形曲线高度为 5 大格，记下总分贝数，如 42dB，则该中频放大器的电压增益为：电压总增益＝42dB＋20dB－12dB＝50dB。调节中频放大器的有关元件，使波形曲线达到技术指标如图 6-25 所示的频率特性曲线。调试时若出现如图 6-26（a）、（b）所示的特性曲线时，表示电路

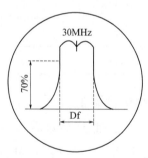

图 6-25　放大器的频率特性曲线

处于临振和已振状态，应调整中频放大器的工作点，消除这种现象。

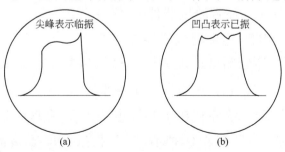

图 6-26　电路临振和已振时的特性曲线

实训二　数字电桥测试仪的使用

【实验目的】

熟悉 ZJ2811C LCR 数字电桥仪面板上各开关旋钮的作用，掌握 L、C、R 的测量方法。

【实验器材】

① ZJ2811C LCR 数字电桥仪 1 台；

② 电阻、电容、电感若干。

【实验内容】

① 测试电阻 R、Q 值；

② 测试电容 C、D 值；

③ 测试电感 L、Q 值。

将实验测试数据记录于表 6-1 中。

表 6-1　测试数据记录表

项目	电阻 R		电容 C		电感 L	
	1kΩ	10kΩ	1μF	2.2μF	1mH	2mH
测试值						
D						
Q						

【测试步骤】

① 插上电源插头，将面板开关按至 ON 开机后，仪器功能指示于上次设定状态，预热 10 分钟，待机内达到平衡后，进行正常测试。

② 测试参数选择，使用"参数"键选择 L、C、R，单位如下：

L：μH、mH、H（连带测试器件 Q 值）；

C：pF、nF、μF（连带测试器件 D 值）；

R：Ω、kΩ、MΩ（连带测试器件 Q 值）。

③ 根据被测器件的测试标准或使用要求按频率键，选择相应的测量频率。可选择 100Hz、1kHz、10kHz 三个频率。

④ 按"清零"键，清除存在于测量电缆或测量夹具上杂散电抗来提高测量精度。仪器清"0"包括两种清"0"校准，即短路清"0"和开路清"0"。测电容时，先将夹具或电缆开路，按方式键使"校测"灯亮；测电阻、

电感时，用粗短裸体导线短路夹具或测试电缆，按方式键使"校测"灯亮。

⑤ 选择等效方式，根据元件的最终使用情况来判定。用于信号耦合电容，则最好选择串联方式，LC谐振则使用并联等效电路。

⑥ 选择设置好测试参数、测试频率、激励电压后，用测试电缆夹头夹住被测器件引脚、焊盘，待显示屏参数值稳定后，读取并做好记录。

项目小结

本项目主要介绍了 R、L、C 的电桥法测量原理，扫频仪和晶体管特性图示仪的组成、工作原理等方面的内容。

（1）电桥法又称指零法，它利用指零电路作为测量的指示器，工作频率很宽。

（2）扫频仪是一种能直接观察电路幅频特性曲线的仪器，还可以直接测量被测电路的带宽、品质因素等参数。

（3）扫频仪有扫频信号发生器和示波器结合的仪器，一般由扫描信号源、频标电路和示波器组成。

（4）频率标记简称频标，用于频率标度，分为菱形频标和针形频标两种，分别适用于高频和低频。

（5）晶体管特性图示仪是一种利用图示法来测量各种半导体器件参数特性曲线的多功能仪器。

习　　题

1. 简述电阻的直流电桥法测量原理。
2. 简述谐振法测量电感量的原理。
3. 简述扫频仪测量法的原理。

航天电子产品总装检测技术

【教学目标】

① 了解总装检测的重要性和必要性；
② 了解常用的几种检测方式。

【工作任务】

拓展对航天电子产品总装检测技术的认识。

【相关理论知识】

航天技术是综合性的高科技，是现代科学技术和基础工业的高度集成。航天产品的总装和测试，是根据产品技术条件、装配图纸及工艺文件等的规定和要求，将合格的分系统、部件等通过总装配、对接调整、检测、试验，最终成为一个完整的、性能可靠的产品的全过程。总装检测技术可以直接影响航天产品的总体性能，在产品研制过程中有着极其重要的作用。

航天产品总装检测是保证产品总装之后性能和可靠性的重要环节。总装检测内容广泛，主要有以下几种：

① 系统特性检测；
② 密封性检测；
③ 几何特性检测；
④ 质量特性检测。

一、系统特性检测

航天产品总装过程中，要进行数百项电子和电气设备的安装，并与航天产品上相应的电缆连接。安装前，这些产品都需要进行单元测试和匹配测试，总装完毕后再进行各系统的综合测试，以确认总装过程的无误，通过测试确认性能良好，才可以交付出厂。

总装中的电气检测，用以判断机械和电气设备参数的协调性，判断总装后的电子设备状态是否良好。由于总装中的电气检测是在真实工作状态下进行的，故其检测内容就相对简化了，主要是：导通、绝缘检查，常温电阻检查，电容检查，工作特性检查等。

1. 传感器检测

航天产品上的传感器数量非常多，分布在航天产品的各个系统中，用以测量各系统的工作性能参数和环境参数，因此种类很多，按其作用原理分为：变阻式、变电容式、红外超声、液位、振动等。比如压力传感器，其工作原理是：由波纹膜片感受压力，转变成膜片中心的轴向位移，经过顶杆等传动放大机构，带动电刷在电位计上移动，从而达到把压力信号变换成电信号，其输出电压正比于压力。对这类传感器的检测方法是：对电位计的总电阻和电刷输出的分电阻进行测量，然后与标准值进行比较，判断其是否正常。

2. 机械电气协调检测

这类协调检测，典型的是控制系统中的执行机构，如：舵机、伺服机构等。它们的功能是：当控制系统发出指令信号，执行机构输出转动力矩，带动燃气舵和摆动机构及喷管，改变推力矢量，达到姿态控制的目的。

执行机构的电气零位可以用专用的测试设备对其反馈电位计的输出测得，而机械零位则是在发动机组装时测得，并以刻线或定位工装将舵面准确地固定在机械零位，然后调节反馈电位计的电刷。安装完毕后，用测试仪表检查在机械零位状态下，反馈电位计的输出电信号为零位。

二、密封性检测

密封性检查是对航天产品管路系统总装品质的评定和确认。由于各个系统对密封性量化指标要求的高低不同，所以采用了不同的工艺方法予以保证。

密封性检查的特点如下。

（1）系统多

总密封性检查涉及输送系统、增压系统、外压系统、溢出系统、气封系统等。

（2）系统相关复杂

动力装置、控制系统、遥测系统等各大系统都有密封要求，而且各系统之间管路相互交织，检查点多，检查操作困难。

（3）试验压力范围宽

有高压、中压和低压。检查用压力表多，量程范围宽。

此外，航天检漏又有它的特殊性，要尽力模拟密封系统的真实工作压力进行检漏，使检漏结果更加真实可信；主要采用非真空收集器检漏方法；采用标准示漏气体比对的方法进行漏率标定，以减小使用标准漏孔标定产生的误差；航天器检漏要反复进行多次，以提高其可靠性。

三、几何特性检测

航天产品有些部件的安装精度直接影响其飞行性能和精度，因此，对这些部件的装配必须进行精密测量。

1. 安装精度测量

航天产品安装精度检测主要包括以下内容。

① 主体结构的装配精度测量：如卫星主承力部件和各仪器安装板、外壁板、大梁等相互之间的平行度、垂直度的测量等，这些安装精度将对航天器的工作性能产生明显的影响。

② 控制制导系统和推进系统仪器设备安装精度检测：如惯性平台、陀螺仪、导引头、红外地平仪、发动机、助推器等，其安装精度将决定航天器的控制制导精度。

③ 其他设备的安装精度检测：如航天器的摄影分系统、天线分系统、太阳翼等的精度检测。

④ 安装精度的调整：当被测项目的安装精度不符合要求时，测试人员根据被测项目的补偿环节计算出调整的方向和调整量，指导装配人员进行调整，调整和测量要反复进行，直到安装精度符合要求为止。

⑤ 安装精度的复测：当航天器经过大型试验或运输之后，要对有安装精度要求的仪器、设备进行精度复测，如果复测数据变化量超出了允许范围，还要再次进行调整。

2. 检测基准的建立

安装精度的获得首先在于检测基准的建立和测量方法及设备的保证。以航天器的安装为例。航天器结构是用以支撑和固定各分系统的仪器设备，传递和承受在地面操作、发射升空，以及轨道运行状态下的所有载荷。结构总装就是将航天器主要结构件组装起来，形成一个安装设备的骨架和平台。主结构装配需要反复调整并进行精度检测，达到要求后再固定状态，没有特殊情况下不需要进行拆卸。需要反复拆卸的结构件，如航天器外壁板、舱门等，安装达到要求后，拆下来备用，总装需要时再进行装配，直到发射前才正式装配。结构总装中允许进行少量的机械加工。

3.测量的主要设备和测量原理

目前航天产品设备安装精度的测量一般使用非接触大尺寸测量系统进行，以高精度电子经纬仪为主要设备，组成系统至少需要有两台经纬仪，配套设备有：标准尺、计算机、打印机、数据接口及测试软件。

最基本的测量为空间点的三维坐标测量，其测量原理如图7-1所示。

以左经纬仪 T_1 的中心为坐标原点，x 轴为左右经纬仪的中心连线，在水平面的投影且指向右经纬仪 T_2，z 轴通过原点的铅垂轴向上，y 轴由右手法则得到。两台经纬仪精确互瞄后，测量已知长度的基准尺，通过空间解析计算可求得两经纬仪的水平距离 d 和高度差 h。空间任一点 $M(x,y,z)$ 的坐标就可由空间三角关系求出。

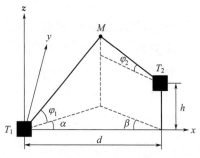

图 7-1　空间点三维坐标测量原理图

$$\begin{cases} x = \dfrac{b\cos\alpha\sin\beta}{\sin(\alpha+\beta)} \\[3mm] y = \dfrac{b\sin\alpha\sin\beta}{\sin(\alpha+\beta)} \\[3mm] z = \dfrac{b(\sin\beta\cos\varphi_1 + \sin\alpha\cos\varphi_2) + h\sin(\alpha+\beta)}{2\sin(\alpha+\beta)} \end{cases}$$

四、质量特性检测

质量、质心测量的目的有两个：一是满足航天产品性能的需要，保证结构质量不超过规定要求，而质心则影响结构设备的布局，并直接影响到航天产品飞行稳定性和可控性；二是满足吊装装载的需要，航天产品从总装到发射，需要经过多次吊装、运输和转载，因此就需要提供可靠的质量和各种状态下的质心数据。

1.质量测量

质量测量一般分为两种技术状态：一是航天器飞行状态，以此作为飞行计算的依据；二是出厂状态，这个数据仅供地面转运、吊装和运输使用。

质量测量采用直接测量的方法，测量设备可采用地中衡、多台地上衡组合或测力传感器等。测量设备选用应考虑量程使用范围、型号的继承性，准确度要满足设计给定允差范围。

质量测量常用的设备有天平、台秤、电子秤等，为了保证测量准确度，设备准确度至少要求精度的三分之一，被测质量应是设备量程的 $30\%\sim80\%$。

2. 质心测量

航天产品质心测量时的技术状态与质量测量时相同，其方法为间接测量，通过测量力的计算，可求出航天产品的质心位置。

航天产品的质心和重心是重合的，一般质心测量是通过重心测量而获得的。其测量方法有以下几种。

① 一点测力法。利用电子地中衡、电子吊钩秤等测量设备测出纵向质心。

② 天平法。测量台面由天平的刀口支承，产品通过过渡支架安放在台面上，由于产品质心偏离，台面产生倾斜，通过加平衡砝码使其重新平衡，由平衡条件可以得出产品质心坐标。

③ 三点测力法。航天产品通过转接支架安放于测量台面上，测量台面由三台测力传感器支承，三个支承点在同一圆周均匀分布。台面调平后，安装到支架上，使支架与台面同轴，之后将产品对接好，再进行产品质量、质心测量。

④ 四点测力法。航天产品通过转接支架安放于测量台面上，依次将产品绕纵轴转动，利用四个测力传感器组合测力，然后通过数据处理，可测量产品质心在 x、y、z 三个轴向上的坐标，还可翻转 $180°$ 进行测量，以消除测量状态下产品重力绕度的影响。

无论采用哪种方法进行质心测量，都需要使用过渡支架。过渡支架有两种：一种是航天产品进行垂直组装时使用的对接支架；另一种是用于航天产品进行水平状态测量的过渡支架，通常呈 L 形。为了保证质心测量的精度，必须尽量减小对接支架的误差，一般要求：支架的强度高，刚性好，承载航天产品后产生的变形小；可操作性、通用性好。

项目小结

本项目主要介绍了航天电子产品总装四种检查技术：系统特性检测技术、密封性检测技术、几何特性检测技术和质量特性检测技术的特点、检测内容及测量方法。

电子产品无损检测技术

【教学目标】

① 了解超声波检测原理及特点；

② 了解射线检测原理，掌握射线检测技术；

③ 熟悉磁粉检测原理及其优缺点；

④ 了解渗透检测技术原理，掌握渗透检测的常用方法。

【工作任务】

认识电子产品无损检测技术的基本原理、特点和方法。

【教学案例】

利用超声波可以检测工件内部缺陷，如图 8-1 所示。探头发射脉冲超声波，透过工件表面在介质中传播，遇到底面发生反射，反射波经探头接收在显示屏上形成底波。如果材质中存在缺陷，那么探头也会接受缺陷界面反射波，并在显示屏上形成缺陷波。最后，通过分析缺陷波的波幅、在时间轴上

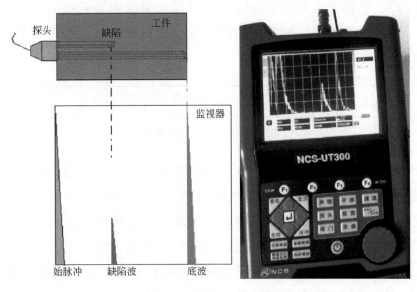

图 8-1　超声波检测示意图

的位置，以及波形特征来分析评价缺陷。

【相关理论知识】

无损检测是指在不损伤和破坏材料、机器和结构物的情况下，对它们的物理性质、机械性能，以及内部结构等进行检测的一种方法，是探测物体内部或外表缺陷（伤痕）的现代检验技术。它分为常规检测技术和非常规检测技术。常规检测技术有：超声检测（Ultrasonic Testing，UT）、射线检测（Radiographic Testing，RT）、磁粉检测（Magnetic particle Testing，MT）、渗透检验（Penetrant Testing，PT）、涡流检测（Eddy current Testing，ET）。非常规无损检测技术有：声发射（Acoustic Emission，AE）、红外检测（Infrared，IR）、激光全息检测（Holographic Nondestructive Testing，HNT）等。

一、超声波检测技术

1.超声波检测原理

超声检测是超声波在均匀连续弹性介质中传播时，将产生极少能量损失，但当介质材料中存在着晶界、缺陷等不连续阻隔时，将产生反射、折射、散射、绕射和衰减等现象，从而损失比较多的能量，使由接收换能器上接收的超声波信号的声压、振幅、波形或频率发生相应的变化，测定这些变化就可以判定介质材料的某些方面的性质和结构内部构造的情况，从而达到测试的目的。当超声遇到缺陷面时，反射回波幅度会异常增大，根据反射幅度、延迟和相位等就可以判断缺陷的位置、面积和形状。超声波检测原理如图 8-2 所示。

图 8-2　超声波检测原理图

超声波探伤方法按波的传播方式分为脉冲反射波法和透射波法。脉冲反射波法是常用的超声波检查方法，基本原理是：仪器探头发出持续时间很短的超声波，当工件内有缺陷时，缺陷反射波被仪器接收并反映出发射波声压大小等信息，据此判断缺陷的情况。其基本原理和波形如图 8-3 所示。

当工件中无缺陷时，接收波形如图 8-3（a）所示，荧光屏上只有始波 T 和底波 B；当有小于声束截面的缺陷时，有缺陷波 F 出现，F 波在时基轴

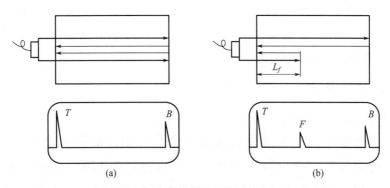

图 8-3　脉冲反射波法检测原理图

上的位置取决于缺陷声程 L_f，可由此确定缺陷在试件中的位置。缺陷回波的高度，取决于缺陷的反射面积和方向角的大小，因此可评价缺陷的当量大小。由于缺陷使部分声能反射，从而使底波高度下降，如图 8-3（b）所示；当有大于声束截面的大缺陷时，全部声能将被缺陷反射，届时将仅有始波和大的缺陷波出现在荧光屏上。

2.超声波的产生（发射）与接收

（1）超声波的物理本质

它是频率大于 2 万赫兹的机械振动在弹性介质中的转播行为，即超声频率的机械波。一般地说，超声波频率越高，其能量越大，探伤灵敏度也越高。超声检测常用频率在 0.5～10MHz。

（2）超声波的产生机理——利用了压电材料的压电效应

压电效应：某些电介质在沿一定方向上受到外力的作用而变形时，其内部产生极化现象，同时在它的两个相对表面上出现正负相反的电荷。当外力去掉后，它又会恢复到不带电的状态，这种现象称为正压电效应。当作用力的方向改变时，电荷的极性也随之改变；相反，当在电介质的极化方向上施加电场，这些电介质也会发生变形，电场去掉后，电介质的变形随之消失，这种现象称为逆压电效应，或称为电致伸缩现象。

（3）超声波的发射与接收

① 发射。在压电晶片制成的探头中，对压电晶片施以超声频率的交变电压，由于逆压电效应，晶片中就会产生超声频率的机械振动——超声波；若此机械振动与被检测的工件较好地耦合，超声波就会传入工件，这就是超声波的发射。

② 接收。若发射出去的超声波遇到界面被反射回来，又会对探头的压电晶片产生机械振动，由于正压电效应，在晶片的上下电极之间就会产生交

变的电信号。将此电信号采集、检波、放大并显示出来，就完成了对超声波信号的接收。可见，探头是一种声电换能元件，是一种特殊的传感器，在探伤过程中发挥重要的作用。

3.超声波的特点

（1）超声波检测的优点

① 适用于金属、非金属和复合材料等多种制件的无损检测。

② 穿透能力强，可对较大厚度范围内的试件内部缺陷进行检测。如对金属材料，可检测厚度为 $1\sim2mm$ 的薄壁管材和板材，也可检测几米长的钢锻件。

③ 缺陷定位较准确，从缺陷部位来说，既可以是表面缺陷，也可以是内部缺陷。

④ 对面积型缺陷的检出率较高。

⑤ 灵敏度高，可检测试件内部尺寸很小的缺陷。

⑥ 检测成本低、速度快，设备轻便，对人体及环境无害，现场使用较方便。

（2）超声波检测的局限性

① 对试件中的缺陷进行精确的定性、定量仍需要进行深入研究。

② 对具有复杂形状或不规则外形的试件进行超声检测有困难。

③ 缺陷的位置、取向和形状对检测结果有一定影响。

④ 材质、晶粒度等对检测有较大影响。

二、射线检测技术

1.射线检测原理

射线检测是利用射线探测零件内部缺陷的无损探伤方法，利用 x 射线、γ 射线和中子射线易于穿透物体和穿透物体后的衰减程度不同，使胶片感光程度的不同来探测物体内部的缺陷，对缺陷的种类、大小、位置等进行判断。

射线检测主要适用于体积型缺陷，如气孔等的检测；在特定的条件下，也可检测裂纹、未焊透、未熔合等缺陷。

工业应用的射线检测技术有三种：x 射线检测，γ 射线检测、中子射线检测。射线对人体是有害的。探伤作业时，应遵守有关安全操作规程，应采取必要的防护措施。

射线检测的主要方法有：照相法、电离检测法、荧光屏直接观察法、工业射线 CT 技术。通常所说的射线照相法是指 x 射线或 γ 射线穿透试件，以胶片作为记录信息的无损检测方法，是最基本、应用最广泛的一种射线检测方法。射线照相法检测是利用物质在密度不同、厚度不同时对射线的吸收程度不同（即使射线的衰减程度不同），就会使零件下面的底片感光不同的原理，实现对材料或零件内部质量的照相探伤。

射线检测原理图如图 8-4 所示。利用感光胶片来检测射线强度，胶片上相应有缺陷部位因接受较多射线，而形成黑度较大的缺陷影像。

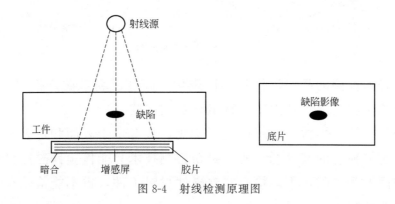

图 8-4　射线检测原理图

2.射线检测的特点

（1）射线检测的优点

检测结果可作为档案资料长期保存，检测图像较直观，对缺陷尺寸和性质判断比较容易。

（2）射线检测的缺点

当裂纹面与射线近似于垂直时就很难检查出来，对工件中平面型缺陷（裂纹未熔合等缺陷）也具有一定的检测灵敏度，但与其他常用的无损检测技术相比，对微小裂纹的检测灵敏度较低，并且生产成本高于其他无损检测技术，其检验周期也较其他无损检测技术长，并且射线对人体有害，需要有防护设备。

三、磁粉检测技术

1.磁粉检测原理

在外磁场中，不同磁介质磁化程度不同。铁磁性材料工件处于磁场中时，可以被强烈磁化，在铁磁性材料工件内出现强大磁场。铁磁性材料中的缺陷，由于磁特性不同于铁磁性材料，将影响磁场的分布。特别是当缺陷位于工件的表面和近表面处时，在工件表面对应部位将产生漏磁场。磁粉检测技术利用铁磁性工件磁化时，表面和近表面处缺陷产生的漏磁场吸引磁粉，实现对缺陷的检验。图 8-5 所示是磁粉探伤原理的示意图。

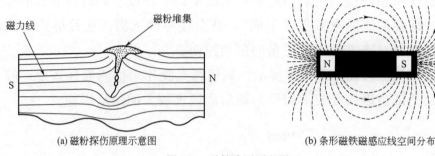

(a) 磁粉探伤原理示意图　　　　　　　(b) 条形磁铁磁感应线空间分布

图 8-5　磁粉检测原理图

完成磁粉检测的基本过程是工件磁化、施加磁粉或磁悬液显示漏磁场，通过磁痕的位置、形状和大小，判定存在的缺陷。

由于只有铁磁性材料才能被强烈磁化，只有位于表面和近表面处的缺陷才能产生足够强度的漏磁场，所以磁粉检测技术只能检验铁磁性材料工件表面和近表面处的缺陷，不能检验非铁磁性材料工件，也不能检验在工件内部深度较大的缺陷。

磁粉检测技术主要用于机加工件、锻件、焊接件和铸件的检验，也用于设备、机械、装置的定期检验，以及板材、型材、管材、锻造毛坯等原材料和半成品的检验。可用于制造过程的检验，也可用于服役（使用）过程的检验。

磁粉检验技术具有很高的检验灵敏度，检验结果的重复性好；能直观地显示缺陷的位置、形状和尺寸，从显示的磁粉痕迹能对缺陷性质作出判断；检验几乎不受工件的大小和形状的限制。检验时应注意控制磁化方向，尽量使磁场方向（磁力线方向）与缺陷延伸面或延伸方向垂直，以便产生更强的漏磁场。当磁场方向（磁力线方向）与缺陷延伸方向夹角太小时，可能无法检验该缺陷。

2. 磁粉检测技术的基本方法

磁粉检测的基本方法可分为两种：连续法和剩磁法。

连续法是在用外磁场磁化工件的同时，施加磁粉或磁悬液进行缺陷检验的方法。连续法可用于各种铁磁材料工件的磁粉检验。与剩磁法比较，连续法具有更高的缺陷检验灵敏度。

剩磁法是利用工件磁化后剩磁产生的漏磁场进行缺陷检验的方法。采用剩磁法时材料的剩磁应高于 0.8T、矫顽力应大于 1kA/m。剩磁法的检验效率高、磁痕显示易识别，但在磁化时必须控制断电相位，不能进行复合磁化。

3.磁粉检测技术的特点

（1）磁粉检测的优点

① 可检测出铁磁性材料表面和近表面的缺陷；

② 能直观地显示出缺陷的位置、形状、大小和严重程度；

③ 具有很高的检测灵敏度，可检测微米级宽度的缺陷；

④ 单个工件检验速度快，工艺简单，成本低，污染轻；

⑤ 结合使用各种磁化方法，几乎不受工件大小和几何形状的影响；

⑥ 可检验受腐蚀的表面。

（2）磁粉检测的缺点

① 只能检测铁磁性材料；

② 只能检测表面或近表面缺陷；

③ 点状缺陷和与工件表面夹角小于 20° 的层不易发现；

④ 采用通电法和触头法时，易烧伤工件。

四、渗透检测技术

1.渗透检测技术原理

按照物理分子运动论的理论，由于分子的无规则运动和分子间的作用力，会产生液体的毛细现象。毛细现象（毛细作用）使液体能够渗入工件表面开口缺陷处。渗透检测技术就是基于液体毛细现象，实现对工件表面开口缺陷进行检验的方法。

对工件进行渗透检测的基本过程是：采用性能适当的渗透液对工件表面渗透，然后去除表面多余的渗透液，再采用适当的方法显示存留在缺陷中的渗透液，从渗透液显示的位置、形状、大小，判断工件存在的表面开口缺陷情况。图 8-6 所示为渗透检测技术的具体过程。

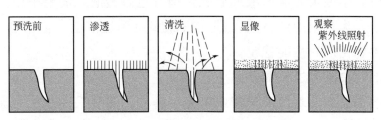

图 8-6　渗透检测技术的具体过程

渗透检测技术需要渗透液渗透到缺陷里面，这决定了它只能检验表面开口缺陷。此外，它不适宜检验多孔性材料工件，也不适宜检验缺陷开口可能被堵塞的情况（例如，工件在喷丸或喷砂处理后）。渗透检测技术可用于机加工件、锻件、焊件和铸件的表面开口缺陷的检测，适宜各种材料工件表面开口缺陷的检验，特别是铝合金、镁合金、钛合金和奥氏体不锈钢等有色金属材料和非铁磁性材料制件的表面开口缺陷的检测。它可检验焊接、铸造、机械加工等各种工艺过程产生的表面开口缺陷，这种技术在航空工业产品检测中占有重要地位。

渗透检测技术的主要优点是：不需要复杂的设备，操作比较简单；检测表面开口缺陷的能力不受被检工件的形状、大小、组织结构、化学成分和缺陷方位的影响，对复杂工件一次可检出各方向的表面开口缺陷；检测灵敏度较高，缺陷显示直观。

应用渗透检测技术需要注意的是，检测结果与检测人员的操作和经验关系比较密切，必须对检测的全过程严格控制；需要考虑某些渗透液等对某些材料工件可能产生腐蚀问题（相容性问题）。

2.渗透检测技术的常用方法

按照渗透液显示缺陷的成分是荧光物质还是有色染料，一般将渗透检测技术区分为荧光渗透检测技术和着色渗透检测技术。按照渗透液的特点和相对应的检测工艺特点，常用的渗透检测方法可分为：水洗渗透检测技术、后乳化渗透检测技术、溶剂去除渗透检测技术。

（1）水洗渗透检测技术

采用水洗型荧光渗透液或水洗型着色渗透液，用水洗方法去除多余渗透液，荧光渗透液可自显像。在检测工艺过程中会得到简化，但渗透液成分复杂，抗水污染能力弱。

（2）后乳化渗透检测技术

采用后乳化型荧光渗透液或后乳化型着色渗透液，需要采用乳化剂乳化后才能用水去除多余的渗透液，即在去除多余渗透液前，应增加乳化过程。渗透液不含乳化剂，性能稳定。

（3）溶剂去除渗透检测技术

采用溶剂去除型着色渗透液或荧光渗透液，需要采用溶剂去除多余渗透液，要求预清洗并且应采用同种溶剂。不需要专门干燥过程，但应注意这种检测方法所用的材料多数是可燃物品，所以应做好防火措施。

3.渗透检测技术的特点

（1）渗透检测的优点

① 可以检测任何非松孔性材料（金属和非金属）或零件的表面开口状缺陷；

② 能直观地显示出缺陷的位置、形状、大小和严重程度；

③ 具有较高的检测灵敏度；

④ 着色探伤不用设备，不用水电，特别适用于现场检验；

⑤ 检验不受工件几何形状和缺陷方向的影响。

（2）渗透检测的缺点

① 只能检测表面开口缺陷；

② 单个工件检测效率低，成本高；

③ 检验缺陷重复性不好；

④ 污染较重。

项目小结

本项目主要介绍了常用的电子产品无损检测技术，包括超声波检测技术、射线检测技术、磁粉检测技术和渗透检测技术的原理、基本方法及其特点。

Multisim软件功能与应用

1. Multisim 10.0 仿真软件简介

早期的 EWB 仿真软件由加拿大 Interactive Image Technologies 公司（简称 IIT 公司）推出，后又将 EWB 软件更名为 Multisim，并升级为 Multisim 2001、Multisim 7.0 和 Multisim 8.0；2005 年美国国家仪器公司（National Instrument，简称 NI 公司）收购了加拿大的 IIT 公司，并先后推出 NI 公司的 Multisim 9.0、Multisim 10.0、Multisim 11.0 和 Multisim 12.0。Multisim 系列软件是用软件的方法模拟电子与电工元器件，模拟电子与电工仪器和仪表，实现了"软件即元器件""软件即仪器"功能。后面几个版本在电子技术仿真方面差别并不大，只是适当增加了某些高级功能模块，下面针对 Multisim 10.0 版本进行讲解。

Multisim 10.0 是一个集成电路原理设计、电路功能测试的虚拟仿真软件，其元器件库提供数千种电路元器件供实验选用，同时也可以新建或扩充已有的元器件库，而且建库所需的元器件参数可以从生产厂商的产品使用手册中查到，因此也很方便在工程设计中使用。虚拟测试仪器仪表种类齐全，有一般实验用的通用仪器，如万用表、函数信号发生器、双踪示波器、直流电源，而且还有一般实验室少有或没有的仪器，如波特图示仪、字信号发生器、逻辑分析仪、逻辑转换器、失真仪、频谱分析仪和网络分析仪等。

Multisim 10.0 具有较为详细的电路分析功能，可以完成电路的瞬态分析和稳态分析、时域和频域分析、器件的线性和非线性分析、电路的噪声分析和失真分析、离散傅里叶分析、电路零极点分析、交直流灵敏度分析等电路分析方法，以帮助设计人员分析电路的性能。

2. Multisim 10.0 的基本功能

（1）Multisim 10.0 的操作界面

单击"开始"→"程序"→"National Instruments"→"Circuit Design Suite 10.0"→"Multisim"，启动 Multisim 10.0，可以看到附图-1 所示的 Multisim 10.0 的主窗口。主要由 Menu Toolbar（菜单工具栏）、Standard Toolbar（标准工具栏）、Design Toolbox（设计工具盒）、Component Toolbar（元件工具栏）、Circuit Window（电路窗口）、Spreadsheet View（数据表格视图）、Active Circuit Tab（激活电路标签）、Instrument Toolbar（仪器工具栏）等组成。其含义如下：

① 菜单工具栏；

② 标准工具栏；

③ 主工具栏；

④ In User 列表；

⑤ 仪器工具栏；

⑥ 激活电路标签；

⑦ 数据表格视图；

⑧ 电路窗口；

⑨ 设计工具盒；

⑩ 元件工具栏。

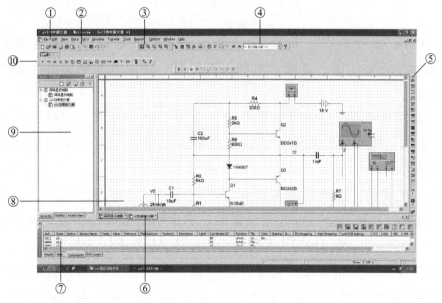

附图-1　Multisim 10.0 主窗口

（2）工具栏说明

Multisim 常用工具栏如附图-2 所示，工具栏各图标名称及功能说明如附图-2 所示。

（3）Multisim 10.0 的元器件库

Multisim 10.0 提供了丰富的元器件库，元器件库的图标和名称如附图-3 所示。用鼠标左键单击元器件库栏的某一个图标即可打开该元件库。元器件

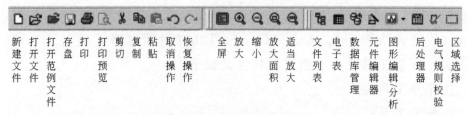

附图-2　Multisim 常用工具栏

库中的各个图标所表示的元器件含义如附图-3 所示。关于这些元器件的功能和使用方法将在后面介绍。读者还可使用在线帮助功能查阅有关的内容。

附图-3　元器件库的图标和名称

① 电源/信号源库。电源/信号源库包含有接地端、直流电压源（电池）、正弦交流电压源、方波（时钟）电压源、压控方波电压源等多种电源与信号源。

② 基本器件库。基本器件库包含有电阻、电容等多种元件。基本器件库中的虚拟元器件的参数是可以任意设置的，非虚拟元器件的参数是固定的，但是可以选择。

③ 二极管库。二极管库包含有二极管、可控硅等多种器件。二极管库中的虚拟器件的参数是可以任意设置的，非虚拟元器件的参数是固定的，但是可以选择。

④ 晶体管库。晶体管库包含有晶体管、FET 等多种器件。晶体管库中的虚拟器件的参数是可以任意设置的，非虚拟元器件的参数是固定的，但是可以选择。

⑤ 模拟集成电路库。模拟集成电路库包含有多种运算放大器。模拟集成电路库中的虚拟器件的参数是可以任意设置的，非虚拟元器件的参数是固定的，但同样是可以选择的。

⑥ TTL 数字集成电路库。TTL 数字集成电路库包含有 74×× 系列和 74LS×× 系列等 74 系列数字电路器件。

⑦ CMOS 数字集成电路库。CMOS 数字集成电路库包含有 40×× 系列

和 74HC×× 系列多种 CMOS 数字集成电路系列器件。

⑧ 数字器件库。数字器件库包含有 DSP、FPGA、CPLD、VHDL 等多种器件。

⑨ 数模混合集成电路库。数模混合集成电路库包含有 ADC/DAC、555 定时器等多种数模混合集成电路器件。

⑩ 指示器件库。指示器件库包含有电压表、电流表、指示灯、七段数码管等多种器件。

⑪ 电源器件库。电源器件库包含有三端稳压器、PWM 控制器等多种电源器件。

⑫ 杂项元器件库。杂项元器件库包含有晶体管、滤波器等多种器件。

⑬ 键盘显示器库。键盘显示器库包含有键盘、LCD 等多种器件。

⑭ 射频元器件库。射频元器件库包含有射频晶体管、射频 FET、微带线等多种射频元器件。

⑮ 机电类器件库。机电类器件库包含有开关、继电器等多种机电类器件。

⑯ 微控制器库。微控制器件库包含有 8051、PIC 等多种微控制器。

（4）仪器仪表库的使用

仪器仪表库的图标及名称如附图-4 所示。该库中所含的仪器仪表有：数字万用表、函数信号发生器、瓦特表、双通道示波器、四通道示波器、波特图仪、数字频率计、数字信号发生器、逻辑分析仪、逻辑转换仪、IV 特性分析仪、失真分析仪、频谱分析仪、网络分析仪、安捷伦函数发生器、安捷伦数字万用表、安捷伦示波器、泰克示波器、测试探针、LabVIEW 虚拟仪器、电流探针。

附图-4　仪器仪表库的图标及名称

3. Multisim10.0 的基本使用方法

（1）元件的使用

选用元器件时，首先在元器件库菜单栏中用鼠标单击包含该元器件的图标，打开该元器件库。然后从选中的元器件库对话框中（如附图-5 所示为电阻库对话框），用鼠标单击该元器件，然后单击 OK，然后用鼠标拖动该元器件到电路工作区的适当地方即可。

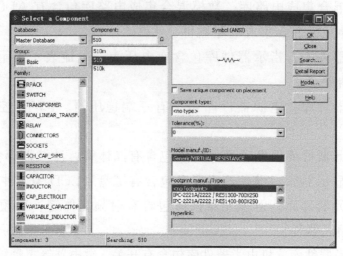

附图-5　电阻库对话框

（2）选中元器件

在连接电路时，需要对元器件进行移动、旋转、删除、设置参数等操作。这就需要先选中该元器件。要选中某个元器件可使用鼠标的左键单击该元器件。被选中的元器件的四周将出现 4 个黑色小方块（电路工作区为白底），便于识别。对选中的元器件可以进行移动、旋转、删除、设置参数等操作。用鼠标拖动形成一个矩形区域，可以同时选中在该矩形区域内包围的一组元器件。

想要取消某一个元器件的选中状态，只需单击电路工作区的空白部分即可。

（3）元器件的移动

用鼠标的左键单击该元器件（左键不松手），拖动该元器件即可移动该元器件。

想要移动一组元器件，必须先用前述的矩形区域方法选中这些元器件，然后用鼠标左键拖动其中的任意一个元器件，则所有选中的部分就会一起移动。元器件被移动后，与其相连接的导线就会自动重新排列。

选中元器件后，也可使用箭头键使之做微小的移动。

（4）元器件的旋转与翻转

对元器件进行旋转或翻转操作，需要先选中该元器件，然后单击鼠标右键或者选择菜单 Edit（编辑），选择菜单中的 Flip Horizontal（将所选择的元器件左右旋转）、Flip Vertical（将所选择的元器件上下旋转）、90 Clock-wise（将所选择的元器件顺时针旋转 90°）、90 CounterCW（将所选择的元器件逆时针旋转 90°）等菜单栏中的命令，也可使用 Ctrl 键实现旋转操作。Ctrl 键的定义标在菜单命令的旁边。

（5）元器件的复制、删除

对选中的元器件，进行元器件的复制、移动、删除等操作，可以单击鼠标右键或者使用菜单 Edit→Cut（剪切）、Edit→Copy（复制）和 Edit→Paste（粘贴）、Edit→Delete（删除）等菜单命令，实现元器件的复制、移动、删除等操作。

（6）元器件的属性设置

在选中元器件后，双击该元器件，或者选择菜单命令 Edit→Properties（元器件特性），会弹出相关的对话框，可供用户输入数据。

元器件的属性对话框具有多种选项可供设置，包括 Label（标识）、Display（显示）、Value（数值）、Fault（故障设置）、Pins（引脚端）、Variant（变量）等内容。电阻的属性对话框如附图-6 所示。

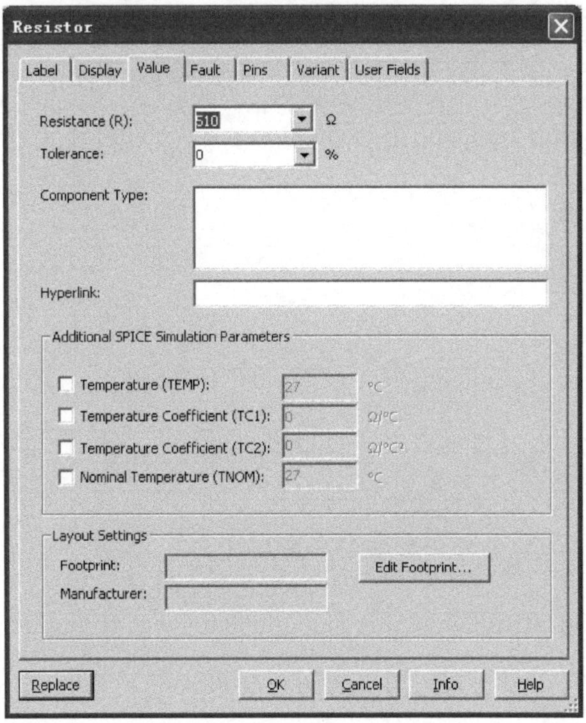

附图-6 电阻的属性对话框

参考文献

［1］ 孟凤果.电子测量技术［M］.北京：机械工业出版社，2015.

［2］ 王川.电子测量技术与仪器［M］.北京：北京理工大学出版社，2015.

［3］ 陆绮荣.电子测量技术［M］.北京：电子工业出版社，2016.

［4］ 高礼忠，杨吉祥.电子测量技术基础［M］.南京：东南大学出版社，2015.

［5］ 于宝明，金明.电子测量技术［M］.北京：高等教育出版社，2015.

［6］ 王永喜，胡玫.电子测量技术［M］.西安：西安电子科技大学出版社，2017.

［7］ 孙忠献.电子测量［M］.合肥：安徽科学技术出版社，2016.

［8］ 丁向荣.电子产品检验技术［M］.北京：化学工业出版社，2017.